{传播大讲堂论丛}

互联网信息的传播力量

田智辉　著

THE POWER OF INTERNET INFORMATION DISSEMINATION

CUCP 中国传媒大学出版社
·北京·

图书在版编目（CIP）数据

互联网信息的传播力量 / 田智辉著 . -- 北京：中国传媒大学出版社，2025. 6.

ISBN 978-7-5657-3873-9

Ⅰ. TP393.407；G203

中国国家版本馆 CIP 数据核字第 20256R9L90 号

互联网信息的传播力量

HULIANWANG XINXI DE CHUANBO LILIANG

著　　者	田智辉
责任编辑	张　静　李　婷
责任印制	秦　英
封面设计	风得信设计 · 阿东

出版发行	中国传媒大学出版社		
社　　址	北京市朝阳区定福庄东街 1 号	**邮　　编**	100024
电　　话	86-10-65450528　65450532	**传　　真**	65779405
网　　址	http://cucp.cuc.edu.cn		
经　　销	全国新华书店		

印　　刷	唐山玺诚印务有限公司
开　　本	710mm×1000mm　1/16
印　　张	15
字　　数	230 千字
版　　次	2025 年 6 月第 1 版
印　　次	2025 年 6 月第 1 次印刷

书　　号	ISBN 978-7-5657-3873-9	**定　　价**	75.00 元

本社法律顾问：北京嘉润律师事务所　郭建平

前　言

相信这些年我们都能深刻感受到，在全球化与信息技术快速发展的背景下，互联网信息的传播力量日益增强，并对国内国际政治、经济和文化产生了极其深远的影响，正如曼纽尔·卡斯特（Manuel Castells）所言："网络社会中的权力核心转移到了网络的节点和流通路径中。"这些年我一直保持对互联网浪潮中许多新现象的关注，并和我的学生们历时多年、经由上百次对不同话题的反复讨论，写就《互联网信息的传播力量》一书去深入探讨分析互联网信息在全球所引起的变化和趋势。

互联网的普及使信息传播超越了地域和文化的界限，形成了一个前所未有的全球信息网络，这无疑为人们带来了诸多方面与层次的机遇和挑战。本书分为三大部分，第一部分讨论了互联网信息对国际政治传播的变革，包括新媒体对传统传播格局的冲击、社交媒体在政治传播中的角色转变，以及特定政治人物如特朗普和普京如何利用社交媒体进行议程设置与舆论引导。第二部分聚焦于中国在国际传播中的角色和策略，分析了中国如何通过新媒体平台如 TikTok 等塑造国家形象，并探讨了中国文化在智能时代的传播路径与挑战。第三部分则探讨了新兴技术的发展及其对全球传播格局的影响，包括媒体融合的发展、全媒体传播体系的建设以及数字时代下的新闻传播创新。我希望通过这些章节的叙述尽可能为读者提供更多角度去更好地理解互联网信息在当下国内国际交流传播中的广泛应用与深远影响。

多年来，作为一名新闻传播学领域的教育者，我有幸与许多来自全球各地的学生一起探索这个充满活力与变化的学科。他们的激情和好奇心，不仅激励我不断更新自己的知识，也让我深刻体会到教育的真正意义。每一个学生的成长和进步，都是我教学工作乃至于人生意义上的成绩和突破。这些年来和他们交流与碰撞，看着他们从青涩的大学毕业生成长为具备独立思考能力的研究生，我感到无比骄傲与欣慰。

在这样的教育教学过程中，我深刻感知到，互联网信息时代传播方式的变化对我们的教学和研究提出了新的挑战。我们再也不能只是简单传授“认识”，而是要主动去帮助学生培养批判思维和反思精神，让他们学会如何在信息洪流中辨别真伪、学会如何在信息茧房中自我审视、学会如何在变革中保持初心、学会如何在世相万千中知行合一。这种精神与能力不仅对做学术至关重要，更对学生未来安身立命、价值实现乃至建设和谐社会都具有重要意义。

在此，我感谢所有学生和同事们的大力支持与信任，特别感谢我的两位学生史皓天、王雅萍为这本书忙前忙后所做的各方面工作，正是大家的共同努力这本书才得以完成，希望它能让大家有所获益。在未来，互联网信息的力量将继续推动全球社会的变革，愿所有传媒领域的师生和从业者们都能坚定信念、继往开来，在传媒领域不断深耕，为互联网信息的向真向善向美不懈奋斗，为建设一个开放包容、互联互通、共同发展的世界尽己所能。

目　录

互联网信息中的国际政治传播新变

互联网信息中的中国对外传播探思

互联网信息中的传播新技术新情境

互联网信息中的国际政治传播新变

论新媒体语境下的国际传播*

当今传媒业已经进入媒体大融合时代，国内外传媒业的生态和业态环境正在发生重大而深刻的变化，传统媒体纷纷拓展新媒体，新旧媒体的相互融合势头强劲，媒体终端的变化导致传播格局、传播手段、受众市场和传播效能发生重大改变。以互联网为代表的新兴媒体，是与生俱来的全球传播载体，具有超越国界、天然落地和快速到达等特点，能有效突破信息屏障等优势，利用新的传播手段和载体进行国际传播是时代发展的必然趋势。

互联网等新兴媒体具有的高度参与性和互动性，在技术上给公众提供了最大限度的信息平等机会，每一个网民都能方便快捷地参与公共讨论，由信息的被动接受者转变为主动参与者。充分利用各种新媒体资源，积极构建符合时代特征的现代国际传播体系，逐步实现由传统媒体向现代媒体转变，由单一媒体向综合媒体转变，由对外传播向国际传播转变，发展成综合性现代媒体的国际传播大格局成为我国国际传播发展的一个重要战略方向。

一、新媒体跨越地域和时空，突破国际传播壁垒

众所周知，传统媒体在国际传播中存在一定局限性，其传播发行等均受到时空的限制。广播电视网和电信网的覆盖都有区域界限，报刊发行也有一定的范围。互联网的普及打破了传统媒体的区域限制，可以跨越空间和时间，

---

* 本文原载于《现代传播（中国传媒大学学报）》2010 年第 7 期。

超越现实社会的管理边界，瞬间传遍全球，使人类“地球村”的梦想成为现实。它们无视国界的存在，所有与网络联机的人都能自由浏览、检索、下载、转发，并且在网上做出反应。一些行政管理和干预虽然仍然存在，比如屏蔽某些信息来源，或者采取某种过滤技术，专门识别或阻止某些信息的进入等，但是网上信息源太多，搜索的通道极为多样，往往堵不胜堵，防不胜防，难以彻底阻挡。

长期以来，西方国家利用传统媒体的优势，以强大的软实力为后盾，取得了世界话语霸权地位，并形成了新闻传播的排他性。以美国为主的西方国家控制了全世界 90% 以上的信息，大多数发展中国家的媒体无法进入西方话语体系，因而难以将自己的声音传递出去，经常处于无言或失语的窘境，在国际传播中处于明显的劣势。而少数强国、富国在国际传播中处于优势地位，按照它们的政治需要和价值观念采制的报道和评说通常在世界上广为传播，操纵着世界舆论，对其他国家构成了威胁或损害。

互联网的出现和普及对传统传播方式产生了颠覆性冲击。网络传播不受时空限制，能够打破西方国家对他国信息传播的制约和排斥，有效促进信息流通渠道的畅通，实现国与国之间信息的公平竞争。过去垄断了传统媒体话语权的西方，已经无法垄断互联网的话语权。这在西藏“3·14”事件舆论攻防战中得到鲜明体现。当西方媒体大肆扭曲事件真相之时，许多国内网民和国外的华裔网民通过发布视频、照片和文字说明等多种方式，向西方网民公布事实真相，驳斥错误报道，戳穿媒体谎言。正是借助互联网这一革命性的传媒手段和通信工具，全世界的华人华侨在很短的时间内了解了更多的信息，不仅突破了西方主流媒体的语言封锁，还成功发动大规模反击。

网络传播无国界，具有天然落地的特点，隐匿性和交互性很强。网络媒体以其天生的优势，为世界各个角落的机构和个人获取信息、输出信息提供了前所未有的便利，使得传统媒体条件下的传播弱势国，能借助网络输出自己的信息，并放大自己的声音，而这是传统媒体不可能做到的。在 2008 年抵制家乐福事件中，博客、播客、即时通信等新媒体发挥了巨大作用。这场抵制去家乐福购物的舆论抗议，因家乐福股东 LVMH 与达赖喇嘛的关系而起，法国媒体的某些言论和巴黎奥运火炬传递过程中发生的事件，让中国网民们“很愤怒”。在这起事件的信息传播过程中，一个全新的媒体传播机制使传播效果得到较大幅度的提升。整个事件的信息传播由传统媒体，如电视和报纸等平面媒体，以及视频播客、文字和图片博客、网络论坛发帖等新媒体同时传播给受众，传播内容包括火炬传递在巴黎遭遇的混乱场面，法国媒体和一些人士的不正确言论等，这些内容激发和影响了受众的情绪。信息迅速传递到国内。网民和观众自己充当传播渠道——在自己的 MSN 聊天工具和博客上将其传递给更多的人。由于民众的舆论和反感情绪等各种因素，我国境内的家乐福最后取消了“五一”期间的一些打折活动，并向公众道歉。

以数字技术为基础的新媒体使信息环境从区域传播转向全球流动，过去对新闻信息的封锁、对新闻报道的歪曲、信息传播的不对称都将被逐步打破。

二、新媒体手段丰富更具针对性

在传播信息内容方面，传统大众媒介相对而言较为单一。而各种新媒体传播的内容则有了很大变化，除了快速、及时、大量传播新闻，方便用户传送和接收信息、资料上传和下载外，还提供极为丰富的交流娱乐服务，诸如社交媒体、在线游戏和音视频服务，以及电子商务、在线教育等其他服务。总之，互联网把国际间的新闻信息交流和多种服务融会交织在一起，已成为人们在国际范围内开展精神和物质交流的重要平台。

新媒体使信息传播方式发生变化。网络媒体兼容了三大传统媒体的表现形式，既可以传输文字、实时的声音，又可以传输动态的图像。网上链接使人们接收信息的方式越来越立体化。新媒体在国际传播中的特点和优势，使它产生着日益巨大的影响。人们可以充分利用互联网、广播电视网、宽带局域网、无线移动通信网等多种新媒体平台，整合包括电脑、电视、手机等多种终端，通过网络电视、数字电视、博客、播客、流媒体、网络广播、移动媒体等多种应用形式发布多样的资源内容。

近年来发展迅速的一些社交网站（SNS）在一些重大突发事件中发挥了

重要作用。2010年1月12日加勒比海岛国——海地发生强烈地震，一些通信设施遭到严重破坏，新闻媒体包括电视、报纸无法正常开播和印刷，但通过新媒体如脸书发布一些地震消息后，国际援手纷至沓来。脸书1月14日推出“全球救助”主页，用户可在这一主页中看到有关救助受灾者的信息。脸书网站发言人安德鲁·诺伊斯在一份声明中说：“海地强烈地震凸显互联网在灾难降临时连接世界的关键性角色……脸书用户可在‘全球救助’主页上找到如何援助受灾者（的信息）。”

博客作为一个简单易行的网络个人表达工具受到青睐，成为跨国表达的首选工具。过去的个人跨国交流大多以电话或信件等私人方式进行，不经同意，第三方是无法阅读、测量、管理和控制的。博客的出现为跨国传播提供了一种公开的方式。这些博客已经超越了“向家人报平安”的单一功能，而成为国际传播的一种新渠道。

中国国际广播电台近年来充分利用新媒体进行媒体布局。某些国家和地区，短波广播已经失去了市场，互联网成为人们获取信息的重要手段，通过对业务机构进行战略性调整，其目的是从传播效果出发，将中国国际广播电台的业务由传统媒体向新媒体转变，由单一媒体向多媒体转变，由独立制作媒体内容向合作制作媒体内容、共建媒体转变。这种转变具有重大意义，它充分利用新媒体在国际传播中的优势，实现预期的传播目的和效果。

三、用户制作内容——国际传播的民间力量

国际报刊和通讯社大多是商办的，国际广播主要是官办的，国际电视是商办先行、官办跟上，而新兴的媒体其经营主体的种类则更为多样。其中有传统的大众媒体，有新兴的信息服务商，有政府机构和政治组织，有公司企业等经济实体，有教科文卫等机构团体，还有目的各不相同的个人。这些实力迥异的经营者，在互联网上各占一角，设立了不计其数的大小不等的网站、网页或数据库，面向世界传播信息。中国对外传播在很大程度上是由国家唱主角、政府为主导，民间外交、民间传播的比重还有待提高。让公众在对外

经济、文化、教育传播中扮演积极角色，不但可以极大地拓展传播渠道，而且可以大大地提高中国国际传播的效能。

在国际传播领域的价值体系中，官方传播在某种程度上难以被接受和被信任。就当代国际传播环境而言，我们应充分利用本应产生更大更重要影响的另一传播资源和渠道，即非官方或民间传播的重要力量。

用户按照自己的兴趣和需求自主传播信息，这些信息不用经过新闻组织或机构严格把关而发布，内容包括用户在日常生活中的所见所闻，传播方式包括电子邮件、博客等大众传播媒介等。“用户制作内容是指读者、听众、观众、网民以文字、图片、影像等形式，制作、发布各种信息，传播与分享日记、知识、资讯、技术、体验和观点内容等。”① 互联网将每个人连接起来，将世界上所有的国家和地区连接起来，只要具备上网条件，任何人都可以摆脱相对封闭的区域性信息环境，进入开放的、无疆界的信息空间。在这个信息空间里，人们不仅可以自主性地寻找和接收信息，作为信息传播客体而存在，同时也可以主动发布信息，成为信息传播主体中的一员。当然，即便是在网络传播时代，多元传播主体形成以后，政府作为国际传播控制者的身份仍然没有改变。这也正是目前各国政府适应新的传播环境的要求，在控制的方式方法上做相应调整的原因。国际传播的主体不是一成不变的，而是一个动态发展的过程。②

过去，我国的国际传播主体的官方色彩过于浓厚。我国的国际传播媒体过多地表现出“官方”色彩，传播的几乎都是“官方观点”，即便有民间声音或观点，也都是以符合与支持官方观点的形式出现的。这样，就容易给外国受众形成一种印象：中国的媒体讲话就等于政府表态，致使我们传播的效果大打折扣。而长期以来被这样“特殊角色定位”了的国际传播媒体，由于担心在事件发展走向尚不明朗时做出出格评价，在对重大事件进行报道时往往过于迟缓。这样的媒体形象在国际传播工作中，是很难树立起其国际公信力

---

① 田智辉 . 新媒体传播：基于用户制作内容的研究［M］. 北京：中国传媒大学出版社，2008：16.

② 程曼丽 . 国际传播主体探析［N］. 中华新闻报，2007-05-23.

的，因而也就很难提高其国际传播信息的有效接受率。国际传播既要讲道理，更要摆事实，做好隐性宣传。“用事实说话”“用镜头讲故事”，使人们在认识事实的过程中不自觉地接受我们的观点才是宣传的最高境界。

“政治对个体的保护程度取决于公民对政治的参与程度，当所有公民都能自由、平等、直接地参与政治时，政治的公共性也最高。”[①] 用户内容制作者与社会大众的天然接近性，使用户制作内容在新闻传播中更易于从社会大众利益的角度去观察新闻事实、选择新闻信息、建构新闻文本。用户制作内容的新闻建构是一种来自民间的建构，拥有不同于职业化新闻传播者的独特眼光。有时，这些传播者会有意传播与职业传播者不一样的新闻，对于同一新闻事件，用户内容制作者往往会想方设法寻求职业传播者没有报道的事实侧面或者细节。

在新传播手段、新语境下争夺话语权，政府部门、主流媒体有责，所有公民都可以从国家利益角度发出自己的声音，这种声音有时更响亮、更有效。利用庞大的网民队伍、博客数量和越来越广泛的社会网络人群开展自己的网络公共外交。这种建立在了解与互信基础上的个人化新形式的人际传播，对于国家的话语权、传播力会产生更重要的作用。

四、网络电视——国际传播未来的重要阵地

数字化传媒改变了以往众多媒体地域性传播的特点，使传播的范围扩大至全球，它是推动全球化的强有力因素，使人们在任何地点任何时间都可以与其他任何人进行任何形态的信息沟通。

互联网给网络电视传播提供了新的渠道，这种传播可以延伸至全球。计算机不仅可以单独处理文字、图片、音频、视频，而且能综合处理这些信息，可以实现图文视听一体化，这不仅为网络电视的传播奠定了坚实的基础，而且有利于发挥多种传播功能的综合性优势。电视和网络融为一体，人们将从

---

① 希特．何谓公民身份［M］．郭忠华，译．长春：吉林出版集团有限责任公司，2007：序言 1.

网络里看到他想看到的一切真实的景象。真实画面代替了文字的主观描绘。网络电视的快速、交互、整合等特性给人类生活、思想观念、社会结构等都带来极大的冲击。这种冲击不限于几个国家、地区，而是在全球普遍发生，并且几乎同时发生。就传播容量而言，实现整合传播后的网络电视传播将会大大增加传播量。

网络电视的时空特性淡化了各种文化时空观的差异。不同的时间观和空间观一直是造成跨文化交流冲突的一大因素。网络电视的应用打破空间的制约，将使用者统一到同一个时间框架内，亦即同一个虚拟空间里。美国学者卡斯特在他的《认同的力量》里指出，网络通过改变生活、改变空间和时间等物质基础，构建了流动的空间和无限的时间。这种新的社会组织形式，正渗透全球，遍及世界。原来电视节目的覆盖范围受制于发射主体的技术条件、覆盖区域的转播条件和用户的接收条件，一般情况下，覆盖区域较小，只有实力雄厚的广播电视公司才能把节目传送到更广大的区域。而电视传播与网络传播一体化整合后，通过计算机网络，任何电视节目均可实现全球性迅速传播，从而大大加速传播信息的国际化进程。

电视传播与网络传播融合而成的网络电视，促使节目内容从大众化走向多样化，同时增强了传播的互动性。相对于电视媒体在本身信号覆盖之外的地域落地的成本，网络电视在跨国传播中的成本相对较低，而且在操作上简便易行。因此，网络电视作为全球传播的工具越来越为人们所重视。网络电视由于通达性好，可超越国界，其内容的外向型优势明显，可以全面展示我国和谐发展的国家形象，消除外界对我国经济发展的负面认识。网络电视有更广泛的受众群，有利于中华文化的传播，这是传统电视无法比拟的。

因为电视节目非同于一般的产品，“各类电视节目一方面在制造产品和商品，但同其他工业部门不同的是其生产意义、意识形态，所以电视成了一个社会性共存的场所。作为社会空间的电视空间是一个动力性空间，一个正在嬗变的有传统文化内涵的空间”①。因此，通过新的传播手段向世界各国传播中

---

① 陈卫星．从法国新电视台看当代电视的传播形式［J］．南方电视学刊，1999（2）．

华民族悠久的历史文化是媒体的一个重要责任。2008 年 8 月在北京举办的奥运会，实现了“科技奥运”，我国利用奥运会这一千载难逢的机会向全世界展示了中华文明。奥运会的信息传播最具全球影响力，而数字技术下的新媒体最具全球扩张力，二者在信息发布方面找到了契合点。在这个充满选择的时代，网络电视突破了奥运传播单纯的体育信息传递，承担了体育文化、体育精神传播的功能，其单向传输到双向互动的传播架构，超越了语言、种族等差异的障碍。中国网络电视台的开播为我国开展国际传播提供了一个集音频、视频、文字、图片等多媒介形式于一体的综合信息平台，为我国国际传播开辟了新的传播途径。

综上所述，在新媒体环境下，国际传播在增强信息传播手段的丰富性、突破信息传播屏障的渗透力、实现信息传播的针对性等方面都得到了充分发展。我国的国际传播影响力必将随着新媒体手段的广泛运用、传播内容的丰富、传播主题的多元而不断提高。

社交媒体与西方政治传播机制的转向研究

社交媒体的兴起改变了信息传播的方式，新的传播机制和价值逻辑颠覆了传播格局的权力结构，带来了西方政治传播机制的演变。随着全球化进程加快，社交媒体强大的社会动员和裂变效应促使一系列“黑天鹅事件”发生，这不仅给国际政坛、经济文化生态带来了巨变，也使得我们重新审视社交媒体与政治生态之间的互动和关联。

一、社交媒体带来新的传播逻辑

随着信息技术的不断发展，社交媒体日渐成为公众获取和传播信息的渠道，传授界线的模糊改变了大众传播时代的传播模式，社交媒体不同于大众媒体的技术特性也带来了新的传播逻辑。

（一）连接：关系与场景

相比于大众媒体从中心到边缘的传播模式，互联网的出现带来了连接一切的网络传播，这一模式在网络连接的基础上传递信息、构建关系、创造价值，使得脸书、推特、人人网、微博等社交媒体应运而生，这些社交媒体早期更多是以社区、群体为范围，以现实关系为架构，为用户进行社交活动而搭建的社交网站，随着用户规模的扩大、网络技术的发展以及媒体融合的趋向，社交网站逐渐实现了从站点到媒体再到平台的演化过程，塑造了共时、在场、以关系为导向的信息传播方式。而移动端、人工智能、5G 技术的发展深化了网络的连接属性，拓展了社交媒体的应用场景，加速了日常生活媒介化的渗透程度。同时，这也给政治传播带来了新的变化，连接一切的能力突破了时空局限，模糊了国际和国内的界线，增强了社交媒体设置国际议程的能力，基于社交关系的双向互动也凸显了社交媒体的社会动员能力，这一“无组织的组织力量”在全世界范围内引发社会运动，加速了政治社会化的进程。

（二）细分：圈层与分化

相比于大众传播一对多的传播模式，社交媒体多对多的特点使其成为人际传播、群体传播、组织传播以及大众传播模式的融合，大众媒体中心化的传播、点对点的用户互动以及群体内部的信息流动都可以在社交媒体平台上同时完成，这也为基于兴趣爱好、文化认同、社交关系等因素形成的圈子提供了空间。这种分众化的传播模式促进了用户群体的细分，基于对用户数据的分析，对用户行为的捕捉、定位、瞄准式的传播方式在算法机制的作用下使得圈层化、社群化的特点愈发明显，在社交媒体连接世界、增进理解的同时，技术进步也加剧了群体的分化，在社会阶层、价值观、政治立场等既有差异的影响下，信息茧房、网络巴尔干化、另类空间等网络现象也极大地作用于现实的政治生活。

（三）解构：去中心化与再中心化

网络双向流通的特性带来的是受众向用户的角色转变，大众媒体中心化的地位也被社交媒体的网状结构解构。一方面，在社交媒体所建构的虚拟空间中，每一个节点都可以被视为中心，在向外围发送信息的同时也接收着来自其他节点的信息，打破了信息传播的渠道由少数大众媒体掌控的局面。另一方面，随着信息在网络空间的流动，部分节点也因为信息接收对象的增多而增强影响力，并因此成为网络社会的意见领袖，掌握网络世界的话语权，实现再中心化的过程。去中心化的传播模式作用于政治领域意味着垄断政治信息资源、中心—边缘式政治关系结构、自上而下的政治权威影响、整体性导向的政治文化等方面的解构。[①]

二、社交媒体重塑西方政治传播机制

政治传播是"关于政治的、有目的的传播"[②]，是政治系统和传播系统的交叉融合。政治信息和政治家的意志只有通过媒介的传播才能抵达公众，进而设置议程，形成公众舆论。亚里士多德也曾断言："人是天生的政治动物。"在政治生活中，无论是公众、政治家还是媒体机构，我们每一个人的传播活动都或多或少地与政治相关。在高度媒介化的时代，传播与政治紧密结合，社交媒体的发展推动了日常生活的媒介化，扩大了政治参与的群体，丰富了政治传播的手段和渠道，使我们越来越明确地意识到：传播就是政治，政治就是传播。

（一）媒体：平台迁移与权力转移

随着网络技术不断发展，社交媒体逐渐成为用户传播和获取信息的重要渠道，电视、报纸等传统媒体的受众逐渐转移到脸书、推特、抖音等社交媒体上，这些平台拥有庞大的用户群体，巨大的用户规模使得社交媒体成为网络信息传播的把关人，在掌握了大量用户注意力资源的同时，逐渐承担起传统媒体在信息传播环境中的功能，一方面信息传播把关角色使其成为政治信息供给、政策支持、议程设置的重要中介，另一方面，互联网的平台属性也为公众提供了参与政治讨论的公共空间，社交平台上的新闻资讯、舆情讨论始终吸引着用户的注意力，促进了用户的政治参与，较高的用户活跃度为其带来了巨额的广告收入，也使平台将注意力资源进一步转化为社会话语权。然而，传统媒体作为把关人的角色不仅仅意味着它控制着信息传播的开关，更意味着由它们所传播的信息最终将抵达受众，并在社会上产生一定的外部

---

① 唐庆鹏．新媒体"去中心化"的政治学解读［J］．福州大学学报（哲学社会科学版），2018（6）．

② 麦克奈尔．政治传播学引论：第2版［M］．殷祺，译．北京：新华出版社，2005：4．

性，因此，媒体在西方被称为“第四权力”。然而，这种传播的权力随着公众获取信息方式和习惯的变迁，从传统媒体逐渐转向社交媒体，因而实现了权力的转移。报纸、广播电视仍然是工业化时代的产物，在如今的互联网时代，以数据为基底、以算法为推送机制的社交媒体开启了马克·波斯特口中的“第二媒介时代”。

这样的权力重构对信息传播格局带来了极大的冲击。首先，受众的流失让传统媒体面临广告收入的断崖式下滑，渠道失灵也让专业媒体的内容离受众越来越远。在互联网的信息流模式下，传统的媒体经营模式与数字化、智能化的传播环境不相适应，经营困难也直接反映出传统媒体在如今舆论生态中影响力的减弱。

其次，互联网的解构逻辑极大地消解了传统媒体的专业性和权威地位，是对以专业媒体为代表的精英主义的极大冲击。在2016年美国大选、英国脱欧等“黑天鹅”事件中，传统媒体的预测失灵无不说明：传统媒体与社会民意之间存在差距，大众媒体议程与公众议程出现了分裂，社交媒体使得信息传播模式发生了大众先行、精英滞后的解构主义转向。

再次，脸书、推特等社交媒体随着用户和收入增长，逐渐成为跨越国界的全球科技巨头，权力和生产资料的集中也引发了社会对网络平台垄断性的讨论。这些科技巨头以互联网中立者自居，但实则体现出一定的政治偏向和立场，资本的逻辑也使得它们明里暗里与各种政治力量有着千丝万缕的关系，影响着西方政治机制的运行。脸书虽然强调平台中立，通过算法进行个性化推送，但是，据美国媒体 Gizmodo 爆料，Facebook Trending Topics 部门的一些人工编辑一直在压制美国保守派人士的观点。[①]2015年10月，扎克伯格也再一次以言论自由为名表示，公司不会删除平台上的政治广告。然而，在2016年美国大选中，这些政治广告大量充斥在社交平台，散布谣言和阴谋论，抹黑政敌，严重影响了选民认知，干扰了大选，而扎克伯格此举无疑是

---

① NUNEZ M. Former Facebook workers：we routinely suppressed conservative news［EB/OL］.（2016-05-09）［2020-05-20］. https://gizmodo. com/former-facebook-workers-we-routinely-suppressed-conser-1775461006.

让脸书继续沦为政治宣传广告的平台。而在全球传播中，社交媒体为意识形态服务的色彩更为浓厚，推特、脸书更是封禁了一系列支持中国香港警察、反对分裂的内地用户账号，以“损害香港政治运动”为借口干涉他国内政。

最后，随着社交媒体的进一步发展，原本是公共讨论空间的网络平台也衍生出了“另类右翼”的新型政治传播机制，哈佛大学教授 Yochai Benkler 曾将互联网平台界定为一个高度动态化、多元化的网络公共领域，但在社交媒体算法机制的作用下，互联网极化的趋势加强，布赖特巴特新闻网（Breitbart News）、每日传讯（Daily Caller）等一系列右翼媒体在网络平台崛起，这些媒体利用网络公共话语空间和网络分众化的传播特点，在社交平台上公开反对主流政治，持有白人至上主义、右翼民粹主义、排外主义等极端保守的政治立场，在互联网平台上散布虚假信息和极端言论，不断突破新闻报道的底线，搅乱了原本理性、开放、有序的网络公共讨论空间。在 2016 年大选期间，布赖特巴特新闻网通过散布一系列有争议性的言论和假新闻，帮助特朗普攻击政敌，设置网络政治议程。而在疫情期间，布赖特巴特新闻网更是借助“事实核查”的方式“否认”特朗普让民众注射消毒液的言论。由福克斯新闻台主播 Tucker Carlson 创立的右翼新闻网站每日传讯同样借助脸书的事实核查功能，将政客新闻网（Politico）一篇关于特朗普将新冠疫情称为“骗局”的报道打上虚假信息的标签[①]，借此党同伐异，攻击专业媒体的权威性和公信力，试图通过有利于特朗普的方式曲解一切信息，达到操控舆论、塑造新的右翼话语叙事的效果。

（二）公众：用户赋权与群体分裂

社交媒体赋予了用户使用权，为公众参与政治提供了渠道，相比大众媒体的单向告知，社交媒体使得用户的双向反馈成为可能，当政治家通过社交媒体传播政治信息，进行政治沟通时，用户不再是单方面接收政治信息，而

---

① LEGUM J. The Daily Caller uses status as Facebook fact-checker to boost Trump [EB/OL].(2020-03-03)[2020-05-23]. https://popular. info/p/the-daily-caller-uses-status-as-facebook.

有了更多样的网络化解读方式。因而，当传统媒体与政治力量“合谋”，在网络平台设置政治议程时，大众宣传的方式必然与网络话语和文化基因产生碰撞，这在一定程度上会导致传统媒体的框架理论失灵，设置的政治议程在网络遭到弱化，产生下沉、偏离和舆论失焦的现象。如特朗普在 2020 年 2 月发表美国国情咨文演说时，因拒绝与众议院议长佩洛西握手，在演说后，佩洛西直接撕毁了特朗普的演讲稿，而这一瞬间也被媒体捕捉，在推特上，网民摘取这一片段做成动图、短视频，呈现了一场迷因（meme）式的传播接力，仅仅几个小时之内，# 南希撕毁者 #、# 佩洛西 # 等话题标签冲上热搜[①]，相比严肃的政治事件讨论，人们更为关注的是佩洛西的肢体语言和情绪，并将这些符号用于属于自身的情景之中，赋予其新的语境和意义。这样的传播方式虽然有政治力量操纵的可能，但推特网友们的举动更多是自发的支持、反对和娱乐消遣，相比由现象深入本质、关注背后的原因，这场 UGC 式的全民娱乐使得公众更为关注事件的细枝末节，忽略本该严肃、深入讨论的政治议题。

与此同时，赋权也意味着网民在传播资源泛化的环境下，在信息消费上有了更多的选择，因而呈现出更为多元的意见态度。然而，美国皮尤研究中心的报告显示，随着美国媒体极化和党派分裂的现象愈演愈烈，美国民众对待新闻信源的态度也随之呈现出一场全国范围内的大分裂，65% 的共和党人将福克斯电视台视为获取政治新闻的唯一来源，对于 CNN 的不信任程度则超过了 58%，而这一比率在民主党群体中正好相反。[②] 媒体的极化趋势意味着：信源的多样化并未带来观点的多元化，反而引发舆情的分化、立场的碰撞和群体的撕裂。此外，社交媒体的算法和个性化推送强化了不同群体的原有态

① ELLIS E G. How American politics became a meme theater [EB/OL].(2020-02-05) [2020-05-25]. https://www. wired. com/story/pelosi-trump-state-of-the-union-meme/?utm_medium=social&mbid=social_twitter&utm_brand=wired&utm_campaign=wired&utm_source=twitter&utm_social-type=owned.

② JURKOWITZ M，MITCHELL A，SHEARER E，WALKER M. U. S. media polarization and the 2020 election：a nation divided [EB/OL].(2020-01-24) [2020-05-25]. https://www. journalism. org/2020/01/24/u-s-media-polarization-and-the-2020-election-a-nation-divided/.

度，也为极端言论的发展和固化提供了空间，“信息茧房”和“过滤气泡”效应使得公众在相对封闭的网络空间中，不仅难以冲破技术垄断下的信息流屏障，更因为意见态度相似的声音不断重复而难以了解事实全貌和真相。脸书的内部报告显示，在 2016 年，有 64% 的用户因平台的算法推荐加入了极端主义的群组，而该公司内部人士表示，带有争议性、分歧性的内容能够吸引用户的注意力，如果任由算法自行发展，则将延长用户停留平台的时间。[①] 相比大众媒体在政治传播中塑造共识的作用，社交媒体作为群体分化的催化剂，是极端言论的放大器，这些虚假、带有偏见的信息充斥在网络空间中，将盖过那些理性的声音和平等的对话，将政治讨论推向极端，而对那些围观和参与的用户来说，这些信息在一定程度上将影响他们对于政治信息的认知和态度，促使公众的政治立场在一定程度上逐渐转向极端化的状态，而这一转向在西方民主政体下，具体表现为政治极化和右翼民粹主义抬头。

（三）政治组织：新型网络宣传、政治营销与政治沟通

政治组织作为政治传播的重要主体，最终目的是向公众传递政治信息，说服公众或影响其态度，而社交媒体的出现为政治宣传、政治沟通以及政治营销提供了新的模式。

1. 新型网络宣传

在 Web2.0 时代，社交媒体的出现改变了传统政治传播的媒介环境，具备了拉扎斯菲尔德和莫顿提出的影响宣传效果的 3 个因素：垄断、渠道、补充的条件，使得大规模的新型网络宣传成为可能。[②]

首先，垄断意味着反宣传的缺失，意味着几乎没有任何力量能阻止传媒

---

① HORWITZ J，SEETHARAMAN D. Facebook executives shut down efforts to make the site less divisive [EB/OL].(2020-05-26) [2020-05-26]. https://www. wsj. com/articles/facebook-knows-it-encourages-division-top-executives-nixed-solutions-11590507499?mod=hp_lead_pos5#.

② YOUNG D G，MCGREGOR S C. Mass propaganda used to be difficult，but Facebook made it easy [EB/OL].(2020-02-14) [2020-05-26]. https://www. washingtonpost. com/outlook/2020/02/14/mass-propaganda-used-be-difficult-facebook-made-it-easy/.

对于价值观、政策或公共形象的扩散。社交媒体去中心化的逻辑赋予用户传播的权力，但是社交媒体政治微定位的应用，以及谷歌、脸书等科技巨头的垄断使得用户仍然容易被平台技术操纵。其次，从渠道来说，宣传只有将受众既有态度观点作为宣传信息的引入渠道才能取得效果。社交媒体通过大数据勾勒出用户画像，通过算法进行精准匹配和个性化推送，精准、细分、个性化定制的特点使得政治宣传、政治广告有了引入用户的渠道。最后，补充认为，媒介只有在大众传播和面对面进行交流的综合作用下，才能起到最佳效果。社交媒体的本质就是建立在人际交流基础上的连接方式，是大众传播和人际传播的融合，相比报纸、广播、电视的单向沟通，社交媒体上转、赞、评等行为正是基于关系的传播方式，是对传统政治宣传的补充。

（1）虚假信息

在社交媒体时代，“谎言重复一千遍就是真理”的戈贝尔效应仍然存在，散布虚假信息仍是社交媒体政治宣传的重要组成部分。大量的虚假信息在社交平台上传播，混淆着人们的视听，污染着政治生态。在新冠疫情期间，以特朗普为首的西方政客和新闻机构散布大量的虚假信息，进行网络政治宣传。面对民主党对其抗疫不力的指责，特朗普更是用“Obama Gate”的话题标签攻击民主党，通过辱骂法来攻击政敌，更是在病毒源头尚未清楚之前，称新冠病毒为“China Virus”，这样污名化的做法实则是通过散布虚假信息、争议言论和阴谋论混淆用户的认知，通过宣传技巧构建自身的政治话语，设置政治议程，转移国内视线。

在大众传播时代，政治家在宣传时，往往需要借助媒体塑造共识，才能劝服公众，取得宣传效果。对于特朗普来说，自身与传统媒体的对立使其无法采取这样的宣传模式，基于网络用户分化的特征，他转而“把水搅浑”[①]，不断突破言论底线，让社会在某一问题上的共识彻底不再存在。一方面，用户面对众说纷纭的事实真相难以分辨，在沉默螺旋的作用下，容易出现怀疑、

① ILLING S. The fake “Obamagate” scandal shows how Trump hacks the media [EB/OL].(2020-03-17) [2020-05-27]. https://www. vox. com/policy-and-politics/2020/5/16/21258788/obamagate-trump-flynn-bannon-flood-the-zone.

认同甚至盲从的现象；而另一方面，公信力的下降、网络流量思维对新闻价值的冲击，使得传统媒体难以应对前所未有的信息传播环境，因而本该是理性、平等的对话空间充斥着大量虚假信息，另类政治力量掌控网络空间话语权也使得“劣币驱逐良币”的效应愈发明显。

（2）网络政治微定位

网络政治微定位（online political microtargeting）是政治微定位的一种形式，它通过收集社交媒体用户的信息和数据，追踪用户行为，在用户的个性化信息流中精准投放政治广告，以起到影响和改变用户政治态度，赚取选票的效果。[①]

随着社交媒体成为人们获取新闻信息的主要渠道，网络投票选举的趋势在西方国家愈发明显，这也使得传统的政治微定位平台从线下转移到线上，带动了网络政治微定位的发展。相比传统的政治微定位，网络政治微定位更为精准、适位、隐蔽，因而更容易影响那些“未免疫”的用户，政党组织也更容易将政治信息针对性地与选民的区域、语言、种族、信仰、兴趣爱好等因素匹配。在选举活动兴盛的美国，政党组织和相关机构能够极其精准地掌握目标选民的个人信息[②]，剑桥分析（Cambridge Analytica）等数据分析公司也帮助政客在脸书等社交平台上精准投放政治广告。而在英国，网络政治微定位帮助保守党在 2015 年锁定了关键边缘选区，并赢得最终大选。[③] 荷兰绿色左派党雇用了美国的数据分析公司 Blue State Digital，以帮助自身投放政治广告。

然而，网络政治微定位在促进民众政治参与的同时，也对西方国家以选举制为基础的民主政体带来了伤害。一方面，精准投放的政治广告不仅有误

---

① BORGESIUS F J，MÖLLER J，KRUIKEMEIER S，etc. Online political microtargeting：promises and threats for democracy［J］. Utrecht Law Review，2018，14（1）：82–96.

② BENNETT C. Voter databases，micro-targeting，and data protection law：can political parties campaign in Europe as they do in North America?［J］. International Data Privacy Law，2016，6（4）：15.

③ WRING D，WARD S. Exit velocity：the media election［J］. Parliamentary Affairs，2015，68（suppl_1）：224–240.

导用户的可能，还存在被极端右翼政党散布的虚假信息左右舆论，进行技术操纵的风险。在英国2016年脱欧公投中，社交平台上煽动脱欧的政治广告和虚假信息被认为与加拿大数据分析公司AggregateIQ有着关联，英国前任首相鲍里斯·约翰逊、前内阁办公厅部长迈克尔·戈夫等脱欧派人士发起的“离开欧盟”的运动正是借助AggregateIQ来操纵的。[①] 另一方面，政党通过数据公司来获取选民的个人数据，建立内部的选举数据库，不仅侵犯了公民的数据隐私，而且数据的泄露和不当取得也破坏了西方民主法制，使得国家安全面临极大风险。

（3）机器政治

大数据、人工智能的引入使得机器化生产信息成为社交媒体内容的组成部分，而部分政治组织借用这一技术手段，进行大规模政治宣传和政治干预，其中，最为常用的是以AI技术为支撑的文本生成机器人和社交媒体聊天机器人。技术的进步使得机器人在信息生产上的效率和精准程度不断提高，AI模仿学习的能力也使得由机器人发出的信息能够以假乱真。这些聊天机器人可以用同一模板生成上千上万条评论，成为政党、外国势力以及候选人的“网络水军”。据统计，关于2016年美国大选的所有推文中，约有1/5的内容是由机器人生成的。牛津大学互联网研究所的报告显示，2019年全球有50多个国家使用机器人做宣传。[②] 这些机器人一开始往往是简单的程序，无意识地重复政治口号，但随着技术的发展，算法机器人已经进化出了人物角色，人工智能为它们生成了假名字、假简历和假照片，相比持续、重复的宣传模式，这些机器人甚至可能发布或长或短的评论，隐藏在网民之中。在政治力量的操纵下，这些宣传机器人挤占了网络公共空间，浪费了网络公共资源，淹没

---

① CADWALLADR C，TOWNSEND M. Revealed：the ties that bound Vote Leave’s data firm to controversial Cambridge Analytica［EB/OL］.（2018-03-24）［2020-05-29］. https://www. theguardian. com/uk-news/2018/mar/24/aggregateiq-data-firm-link-raises-leave-group-questions.

② BRADSHAW S，HOWARD P N. The global disinformation order：2019 global inventory of organised social media manipulation［EB/OL］.（2019-09-17）［2020-05-31］. https://comprop. oii. ox. ac. uk/wp-content/uploads/sites/93/2019/09/CyberTroop-Report19. pdf.

了政治讨论空间，甚至被外部政治势力利用干涉他国内政，煽动公众情绪。如在疫情期间，美国多地不断爆出反对居家隔离，要求重启经济的抗议示威活动。而卡内基梅隆大学一项研究显示，在推特上有关新冠疫情的帖子中，机器人生成的内容大约占到了 45%—60%，这些机器人账号散布虚假信息和有关病毒起源的阴谋论，甚至号召、鼓动群众违反在家隔离的规定，上街游行抗议。①

2. 政治营销：人设塑造

政治营销在早期更多见于西方国家的竞选活动之中，指从营销学的视角对政治行为和活动进行指导。随着社交媒体在竞选政治中的作用凸显，网络政治营销也呈现出更多模式。社交媒体使得人们的公共和私人界线逐渐模糊，人们在“网络生活的自我呈现”中有了更多表达方式和表达途径，全媒体手段能够充分地展现一个人生活的方方面面，也能够全方位地进行人设塑造和形象包装。而此时，相比于关心竞选者的政治纲领和诉求，竞选人的亲和力、颜值、私生活等多方面因素都成为重要的影响指标。

从早期“电视总统”肯尼迪到“网络总统”奥巴马，媒介呈现出的竞选人形象一直是影响选民态度的重要因素之一。在 2017 年的法国大选中，39 岁的马克龙就通过媒体为自身塑造了一种政治改革家和完美男人的形象，他身为名校毕业的银行家，与相差 24 岁的老师的“姐弟恋”是法国媒体关注的焦点，而其推特账号和竞选官网也是其宣扬政治主张的渠道，借助这些手段，马克龙展示出英俊、具有亲和力的气质形象让厌倦了既有经济政治体制的民众焕然一新。而在 2019 年的乌克兰大选中，“零从政经验”的喜剧演员泽连斯基以自己在 2015 年饰演的人气政治喜剧《人民公仆》中的总统角色为出发点，在社交媒体上不断与民众进行互动、为自己积极拉票，借助惩恶扬善、惩治贪腐的角色形象和乌克兰民众对现实政治的不满情绪，塑造出与角色吻

① HAO K. Nearly half of Twitter accounts pushing to reopen America may be bots [EB/OL]. (2020-05-21) [2020-05-30]. https://www.technologyreview.com/2020/05/21/1002105/covid-bot-twitter-accounts-push-to-reopen-america/?utm_medium=tr_social&utm_campaign=site_visitor.unpaid.engagement&utm_source=Twitter#Echobox=1590593156.

合的“银幕总统”形象，赢得民众的支持与好感，在大选辩论中的“煽情表现”更是让他一举击败掌握着政治资源的前总统波罗申科。

3. 政治沟通

社交媒体丰富了政治沟通的手段，一方面，政治组织可以随时随地、直接双向地与民众进行沟通，释放政治信息；另一方面，政治机构也可以直接对公众发布政治信息，掌握设置政治议程的主动权，或对政治事件进行回应，引导舆论走向，维护自身利益。目前，推特、脸书上拥有着大量的国际政要相关账号，这是他们对外、对内阐释观点、发布信息的重要渠道。

“推特总统”特朗普的个人推特账号拥有 8000 多万的关注者，他每天都会转发、评论和原创大量的推文，而对于一些重大事件，他更是采用发布一连串推文的方式，形成“推文风暴”（tweetstorm）的攻势，而基于其庞大的粉丝群体和现实影响力，这些推文又被成千上万人转发、评论，被媒体报道，被相关机构和国家评论，无论是赞同还是抨击，这些行为事实上都成为特朗普声音的放大器，使特朗普在网络空间中不断扩大自身的话语权和影响力。2016 年，土耳其总统埃尔多安通过 Facetime 直播回应军事政变，并将其定义为“叛变”，号召民众上街抵抗，通过此举维护了自身政权。而 2020 年年初，美伊两国的冲突一触即发，两国的大使馆、政府官员在微博、推特等平台上展开了激烈的外交缠斗，不断宣扬本国的主张，争夺国际话语权。

三、社交媒体与西方政治生态的转变

社交媒体重塑了西方政治的传播机制，连接、细分、解构的传播逻辑也渗入西方社会，并作用于西方国家的政治制度和政治生活，带来了西方国家的政治转向。

（一）后真相政治的转向

2016 年美国大选之后，“后真相”成为西方政治的一大转变。在此背景下，社交媒体上假新闻的横行、民粹主义的上台、传统精英主义的大权旁落对西方国家的民主政治根基造成了极大的冲击。“事实让位于情感，真相让位于信仰”的逻辑使得西方传统媒体所拥护的新闻价值取向动摇，在众声喧哗的网络平台上，事实是什么？这一议题对部分群体来说不再重要，网络的海量信息使得他们难以核查真相，算法推送使他们只愿意偏执地相信自己认为的“事实”，而传统媒体以事实、客观、平衡为基础的话语体系和专业操守不再被当作唯一的标准，客观公正的新闻报道在这些极化、固化的群体面前只是“自说自话”。传统媒体的“远离”与“失语”体现在政治上就是民粹主义对精英政治和既有权威的挑战，特朗普这个媒体“弃儿”却成功当选，就是西方政治中反权威、反建制的体现，是“西方主流思潮从现代主义到后现代主义的总体演进趋势”①。

（二）右翼民粹主义抬头

后真相时代是对传统媒体话语体系的解构，而社交媒体的技术演进在促进交流沟通、建立连接的同时，也在分化群体，摧毁共识，然而，部分右翼政治家通过虚假宣传和技术操纵，在因传统媒体大权旁落而出现权力真空的网络公共讨论空间中，把控了政治话语权，影响公众舆论，因而在近些年来，右翼民粹主义的力量在欧美政坛不断铺开。当然，民粹主义的抬头并不完全因为社交媒体的兴盛，更多的是西方社会中积重难返的顽疾凸显。“冷战”结束后，以美国为首的西方国家高呼社会主义制度的“历史终结论”，似乎民主制度才是人类社会唯一的选择。然而，“9·11”事件和久拖不决的阿富汗战争消耗着西方社会的实力与耐心，2008 年的金融海啸更是让整个西方世界遭遇经济寒冬，激发贫富分化、垄断主义等社会矛盾，而社交媒体不断揭露、放大隐藏在西方社会表层之下的矛盾，占领华尔街运动、默多克窃听门、斯诺登棱镜门等丑闻更是一步步改变了全球民众的认知，“自我圣化”的泡沫被

---

① 史安斌，杨云康 . 后真相时代政治传播的理论重建和路径重构［J］. 国际新闻界，2017（9）：54–70.

戳破，被奉为圭臬的民主制度也在中国的崛起中逐渐衰弱。而在多重因素的作用下，这些社会矛盾终于爆发，右翼民粹主义政党也纷纷上台，利用民众不满现状的情绪，大肆公然地反对全球化浪潮，带来了近年来西方政治右翼民粹主义的转向。

（三）政治动荡频发

自社交媒体在全球大规模兴起以来，其政治动员的能力为世人有目共睹。从早期的阿拉伯“茉莉花革命”到法国的“黄马甲运动”再到近期席卷美国的黑人抗议运动，社交媒体的连锁反应机制使得一个小的视频片段便能引爆一场大的动荡与革命。此外，西班牙加泰罗尼亚独立、苏格兰独立等分离主义运动的兴起也伴随社交媒体群体分化的作用日益猖獗。亨廷顿曾在《变化社会中的政治秩序》中指出战后所有政治动荡的根源：“社会急剧变革，新的社会集团被迅速动员起来卷入政治，而政治体制的发展却又步伐缓慢。”[①] 换句话说，社交媒体带来的变革席卷了人类社会的方方方面，其速度之快、攻势之猛使得现存的政治制度与之不相适应，而媒介化时代，表演政治的兴起带来的是技术官僚的退场、政治秩序的颠覆，那些借助社交媒体上台的“政治素人”大多缺乏经验，难以有效地应对政治制度的发展远远落后于经济和社会发展的现状，难以处理全球化深入发展带来的诸多问题，“统治艺术与身份平等的不匹配”[②] 使得社交媒体在全球社会动员中推波助澜，增长了不稳定的因素。

（四）全球风险社会

德国社会学家乌尔里希·贝克曾在《风险社会》中，首次提出了“风险社会”这一概念，他指出，工业社会的发展使得人类面临着风险，“全球化跨越了生产和再生产，跨越了国家界线，危险成为超国界的存在，成为带有一

① 亨廷顿.变化社会中的政治秩序［M］.王冠华，刘为，译.上海：上海人民出版社，2008：4.
② 周穗明.西方右翼民粹主义政治思潮述评［J］.国外理论动态，2017（7）：58–72.

种新型的社会和政治动力的非阶级化的全球风险"[①]。全球化的发展使得我们相互联系、相互依存，技术的飞速进步给人类社会带来了更多的未知性，使得全球面临更多非传统安全隐患。社交媒体作为实际意义上的全球化媒介，在促进信息全球流通、形塑全球社会的同时，也增加了因连接而爆发全球性危机的可能性。"在场""同步"使得我们可以通过社交媒体直播实现"天涯共此时"，但ISIS等恐怖主义组织拿其来散布极端言论，贩卖军火，利用直播戕害民众；社交媒体为我们提供了更多的消费选择，但"过度连接"的弊病和假新闻的泛滥也使得我们在疫情中面临困境，因而加剧了全球经济社会风险。

结　语

自古以来，媒介的进化和演变永远与社会的变革发展相连，社交媒体与西方社会系统产生互动，在政策、资本、技术、文化的交织作用下引发西方政治传播机制的变革，带来了西方国家的政治转向。在这个乱、变、治的时代，全球化出现逆流、地缘政治风险上升，世界面临生态危机，社交媒体的确为全球社会增添了更多的不确定性；但是政治终究是治理众人之事，在社交媒体时代，只有与众人共商共建，守望相助，积极地拥抱全球化的潮流，人类才能利用互联网开创新的未来。

① 贝克．风险社会［M］．何博闻，译．上海：译林出版社，2004：7.

社交媒体与特朗普的崛起*

一、社交媒体与政治传播

社交媒体已成为当今社会传播的重要组成部分。随着信息内容的多元化及其功能的拓展，社交媒体已经脱离了单一的社交工具的定位而发展为承载各类信息、承担多样功能的平台。社交媒体巨头脸书已经成为全球最具影响力的社交媒体平台，其不断开拓的多种业务、多种功能不仅代表着目前媒体及社交领域最新的发展动向，也成了内容最丰富、用户数量最多的平台。“社交媒体在全球范围内的普及与壮大，成为社会舆论集散、新闻信息传播、企业品牌推广、商业营销拓展、社会交往加速的重要平台。随着社交媒体向纵深处渗透与推进，其社会再造、网络外交、政治重塑的功能也日益凸显。”① 互动性、参与性的信息交流模式调动了更多用户参与信息的生产传播，其中就包括了大量的政治内容，因此社交媒体不仅通过改变信息传播模式改变着信息传播生态环境，也因其强有力的信息传播能力成为政治活动、社会事件的推动因素。

在社交媒体的影响不断扩大到政治领域后，社交媒体发展背景“Web 2.0”时代也衍生出了“政治 2.0”的概念，这代表着新的传播媒介带来了传播

---

* 本文原载于《汕头大学学报（人文社会科学版）》2017 年第 33 卷第 1 期。

① 王文 . Web 2. 0 时代的社交媒体与世界政治［J］. 外交评论，2011（6）.

方式的改变，从而带动了社会政治环境变化等一系列结果。社交媒体在政治传播中不仅是一种信息传播的渠道，而且具有多重作用。社交媒体的政治传播对公民政治参与有着深刻的影响，在政治社会活动的动员、舆论传播中也起到了关键性作用，社交媒体在选举中扮演着极其重要的角色，甚至可以影响选举事态的发展。

（一）社交媒体与公民政治参与

社交媒体有着多元化内容承载的属性以及巨大的用户聚合力，因此逐渐成为互联网用户尤其是年轻一代人的主要信息来源。皮尤研究中心 2015 年发布的一份研究显示：在随机调查中，91％的受访者通过媒体了解正在进行的竞选活动，在众多媒体中，通过当地电视台和社交媒体获得信息的各占 14％。61％的年轻一代利用社交媒体获取政治信息。调查显示，在 2000 年总统大选中，美国互联网用户中仅有 1/4 的用户表示是通过互联网获得竞选消息的。从互联网及社交媒体的快速发展可以看出社交媒体为政治信息传播提供了更大更广的平台。越来越多的用户习惯于从社交媒体平台上获取政治信息，因为社交媒体的信息传播模式为信息的快速、大量传播提供了基础，其参与互动机制也为用户提供了低成本的政治参与方式。

“Web 2.0”时代最大的变革就是通过新媒体平台，传播不再是一对多的单向传播，而是多向的互动性传播。任何用户都可以在新媒体平台尤其是社交媒体平台上发表自己的见解，对他人的观点进行评论，还可以进行进一步交流。因此，在通过社交媒体获取政治信息的基础之上，网络用户还可以直接在平台上对政治信息进行评论、与他人讨论交流，甚至直接与政治领导人对话。皮尤研究中心 2016 年 10 月发布的报告显示，“美国社交媒体网站约有 2/3 的成年人用户会针对他们在平台上看到的政治消息发表自己的观点”[①]。社交媒体的信息传播模式为公民提供了参与政治讨论的平台，匿名性质的表达

---

① DUGGAN M., SMITH A. The political environment on social media [EB/OL]. [2024-07-06]. https://www.pewresearch.org/internet/2016/10/25/the-political-environment-on-social-media/.

方式也将这种参与变得更为自由和普遍。美国学者 Stieglitz S. 认为："推特被认为具有巨大的政治参与潜力，因为推特具有强大的信息扩散机制，不仅是传播信息的理想平台，也是政治观点和想法不断得到公众认同和加强的平台。"① 虽然社交媒体在参与政治中的表现是否对促进民主发展具有积极作用在学界仍有争议，但社交媒体在公民政治参与中的作用却是毋庸置疑的。

（二）社交媒体与政治社会活动

布赖恩·麦克奈尔说，媒体与政治组织、公民一样，都是政治行为者和参与主体。② 社交媒体参与政治的方式主要是提供平台。"在新媒体的时代背景下，国内外涌现出新型的社会运动，如'茉莉花革命''埃及暴乱''占领华尔街''伦敦青年骚乱''台湾太阳花学运'等事件，这些社会运动突破了二维的时空界限，其中的参与者'存在'与'缺席'构成了现实与虚拟空间的交叉，在表现形式上，渠道从现实转向虚拟、组织形态从垂直转向扁平、运动诉求从单一转向复合。"③ 这些社会运动的发生离不开社交媒体的助推，社交媒体在其中不仅起到传递信息的作用，更改变了社会运动的动员机制，对于快速地形成群体意志、扩大运动规模起到直接的推动作用。

2010 年 12 月，突尼斯人民通过社交网络组织反政府游行活动，结果推翻了执政长达 23 年的本·阿里总统的独裁统治。突尼斯的国花是茉莉花，因此这场革命也被称为"茉莉花革命"。在这一次革命浪潮当中，推特等社交网络在动员群众方面的贡献尤其突出，埃及等一些相关国家当局甚至决定暂时切断社交网络和互联网。人们因此也把"茉莉花革命"定位成"推特革命"。在"茉莉花革命"中，抗议者一方面利用网络新媒体组织抗议活动，且得到反对党的支持，而反对党也借机予以推动整个抗议活动；另一方面抗议者通

① STIEGLITZ S，LINH D X. Political communication and influence through microblogging— an empirical analysis of sentiment in Twitter messages and retweet behavior［C］. System Science（HICSS），2012 45th Hawaii International Conference on，IEEE，2012：3500-3509.

② 麦克奈尔．政治传播学引论：第二版［M］. 殷祺，译．北京：新华出版社，2005：11.

③ 韩娜．社交媒体对政治传播影响的研究：基于批判的视角［J］. 新闻记者，2015（8）：81-86.

过网络新媒体发布信息，以求得国际社会的支援，给美国、欧洲国家的干涉制造口实。[①]2011 年 9 月 17 日美国民众发起了名为“占领华尔街”的和平示威活动，此次示威活动由加拿大非营利杂志《广告克星》于 2011 年 7 月发起倡议，号召 2 万人占领华尔街，通过和平静坐等形式，声讨华尔街金融业者。“占领华尔街”意在表达对金融制度偏袒权贵和富人的不满，声讨引发金融海啸的罪魁祸首。这次示威活动迅速扩散，蔓延到旧金山、华盛顿、波士顿、丹佛等 50 多个大城市，造成巨大轰动，引发了世界关注。将这一活动的消息迅速扩散至全美各个地方，并快速集结群众参与活动，没有其他任何一种方式能够比社交媒体更加有效。这些大规模社会运动的发生都显示了社交媒体在信息传播速度、组织动员群众、引导舆论、进行政治利益博弈等方面发挥的无可比拟的作用。

（三）社交媒体与政治宣传营销

社交媒体一方面为公众提供了一个了解政治事件及领导人主张的平台，同时对于政治领袖来说他们也多了一个自主发声的渠道。此前政治宣传一般需要借助报纸、电视等传统媒体，这种方式是单向而较为被动的。但现在只要在社交媒体平台上设立自己的账号就可以与公众建立直接的联系，这种宣传模式不仅可以拉近与大众的距离，还可以及时得到大众的反馈。

借助社交媒体平台，政治人物可以直接向大众表达、阐释自己的政治主张，或是针对某一事件发表观感和看法。同时社交网络平台是一个更易于低姿态接近人民的平台，除了发布有关政治生活的言论和动态之外，领导人还可以通过社交媒体平台进行自我形象构建。这种新的媒介、新的渠道为形象构建和呈现提供了一种更为简单直接的方式。传统媒体报道并非直接呈现政治人物形象，通常都是从第三方的视角和叙事方式中呈现出来的。虽然新闻媒体一直以客观报道为目标，但作为另一方呈现的形象与现实情况不免出现

---

① 赵俊．论网络新媒体对非洲国家政制发展的新挑战［Z］．中国—阿拉伯国家经贸论坛理论研讨会论文集（2011 年第二辑），2011：15.

偏差。社交媒体平台将传受双方都聚集在同一个平台上，形成更为直接、便捷的对话机制。而这种新的对话机制对于需要投入大量时间和金钱进行宣传的政治候选人来说则是一个低成本高回报的高效宣传工具。

此外，政治宣传及广告投放也越来越多地转向社交媒体。2017 年 1 月，广告研究公司 Borrell & Associates 发布的报告显示，2016 年政治竞选类广告的整体支出有所增长，较 2012 年增长了 4.6%，达到了历史最高纪录 98 亿美元。然而，传统广播电视平台在这一领域的市场份额却有所下降，从 2012 年 57.9% 的市场份额下降到 44.7%。与此同时，政治类广告在数字媒体平台的支出迅速增长，从 2012 年的 1.7%左右的份额到 2016 年的 14.4%，增长了 8 倍多。相关数据显示，数字媒体、网络和电子邮件的政治类广告支出增加了 17 亿美元，而在电视、广播和报纸上的支出则减少了 13 亿美元。①

二、社交媒体与特朗普获胜

（一）社交媒体在美国选举政治中的作用

美国大选始终与当时最新的媒体形态息息相关，参与大选活动的媒介也随着科技的发展从广播、电视逐渐演变到如今的网络社交媒体。在 20 世纪 90 年代初，网络媒体已经成为一种新兴的媒介形式，并且被用在政治传播之中。1996 年，美国共和党候选人布坎南第一次利用个人网站参与竞选。有媒体评论道："决定总统大选结果的关键因素不是谁更懂政治，而是谁更懂网络。"从此之后，社交媒体在美国选举活动中的作用越来越显著。"通过使用社交媒体，政治人物可以扩大自己的影响力，获得更多选票。首先，政治人物可以在社交媒体上塑造良好的视觉、能力和道德形象，获得选民的好感；其次，政治人物可以通过分享政见吸引那些有相同看法的选民；最后，社交媒体还

① 杨秋月. 特朗普之后，政治竞选广告都要转战社交媒体了？[EB/OL].(2017-01-10)[2024-07-06]. http://www. adquan. com/post-2-35581. html.

可以作为筹集资金和号召选票的重要平台。”[①] 在近几届美国大选中，社交媒体所发挥的作用在不断增强。

在 2008 年美国总统大选中，社交媒体的影响力逐渐显露出来。奥巴马率先使用推特、脸书等社交媒体并借此取得大选胜利，获得了“互联网总统”的称号。2012 年，奥巴马对社交媒体的投入比 2008 年更大，是竞争对手罗姆尼的 10 倍，拥有超过 2100 万推特粉丝和接近 3200 万脸书粉丝，远超罗姆尼。他还雇用了超过 100 人的团队，专门负责运营他的社交媒体账户。“奥巴马竞选团队对于社交媒体的应用主要体现在三个方面：建立官方网站、‘奥巴马无处不在’和网络广告营销。”[②] 奥巴马官网“我的奥巴马”在线社区拥有超过百万的注册成员。奥巴马竞选团队也在脸书、推特、YouTube、Myspace 等多个热门社交媒体平台上建立官方账号更新动态。“通过这一系列方式，奥巴马成功利用各类社交媒体建立了属于自己的社交媒体网络，这一网络不仅囊括了其核心支持者，而且覆盖了少数族裔及边际群体，奥巴马竞选团队可以通过这一网络高效率、低成本地将奥巴马的政见传达给各类普通民众，并为奥巴马塑造了一个‘我就在你身边’的亲民形象。”[③] 这些网络及社交媒体宣传显然对于推进美国大选竞选活动的开展及最后候选人在大选中获胜的作用显著，利用好社交媒体为自己宣传、通过社交媒体搭建与选民之间的桥梁已经成为美国大选中不可或缺的环节，甚至对能否赢得选举起到了至关重要的作用。

（二）特朗普在选举中对于社交媒体的运用

在此次选举中，社交媒体尤其是推特的作用极其显著。特朗普成功地利用社交媒体宣传自己，甚至得到“推特总统”的称号。特朗普自己也承认社

---

① 王斌，陈榆．政治人物在社交媒体上的竞选理念呈现：以希拉里和特朗普的 Instagram 账号为例［J］．对外传播，2016（9）：62–65.

② 何威．“互联网总统”的迷思：2008 美国总统大选中的互联网应用分析［J］．国际新闻界，2009（1）：76–81.

③ 卢冉．社交媒体在美国政治传播中的应用［J］．新闻世界，2013（5）：323–324.

交媒体是一种“现代传播方式”，帮助他在选举中取得胜利。确实，仅从社交媒体粉丝数上看特朗普优势显著。有报道称，自 2016 年 6 月参选开始，特朗普在社交媒体上的人气暴涨，他的推特粉丝有 1290 万，相比之下，希拉里只有 1020 万推特粉丝。特朗普表示他的推特、脸书和 Instagram 一共有 2800 万粉丝，这些粉丝帮助他战胜了选举投入资金超过他的希拉里。

1. 引发话题博得关注

特朗普能够拥有这么多粉丝离不开他对于社交媒体的经营和巧妙运用。特朗普不仅是脸书、推特、Instagram、YouTube、Vine、Periscope 等新兴社交媒体的重度用户，而且深谙社交媒体的内容传播之道。据统计，特朗普平均每月在推特上发 371.6 条推文，相当于每天至少 12 条，是推特上活跃用户数的 3 倍；还善于使用 Instagram 社交平台把日常生活影像发布上去；还看中了视频直播应用 Periscope，开通了“问答特朗普”并用视频进行回答。以时下最热门的视频为内容传播载体可以更加快速地吸引社交媒体用户的关注。通过频繁发布内容，特朗普的社交媒体获得了极大的曝光率。从 2016 年 6 月开始，特朗普的推特已经累计发布和被转发了 350 万次，运用自己的推特账号制造事件，回应那些不认同他的选民，聚拢并沉淀一帮他的支持者。其账号的活跃度和互动性都全面碾压希拉里，左派的《华盛顿邮报》也不得不服，将特朗普的推特账号称为“超级天才”（Surprising Genius）。据测算，特朗普在过去 12 个月内经由社交媒体获得 3.8 亿美元免费曝光量，美国人在社交网站上关注特朗普相关资讯的时间总量已经超过了 1284 年。

2. 展现另类个性形象

特朗普作为一名在商界及媒体领域都取得了瞩目成绩的总统候选人，在大选中他对于社交媒体的运用也与众不同。一般来说，包括希拉里在内的美国政客通过社交媒体的宣传都在努力创造一个亲民的公众形象，发布的社交媒体内容也较为正统。而特朗普则抓住了社交媒体上“引发关注才是关键”的经营策略。作为曾经著名的电视制片人、世界小姐竞选主席，特朗普深知，传统媒体在社交网络崛起之后的窘境：纸媒和电视更喜欢维持保守社会精英恪守的政治正确性，而社交媒体平台更喜欢情感化、碎片化、观点极化的新鲜话题。从预选开始，他就频繁利用社交媒体发布低俗甚至激起众怒的言论，或者没有证据的猜测，或者有事实错误的陈述，或者具有高度争议性的观点。“显然，这一竞选战略与两党传统背道而驰，捍卫社会价值规范的传统媒体十有八九碰壁，但社交媒体平台碎片化、重情感、强化偏见确认、把看法相似的人们黏合在一起互相影响等传播特点，其成效有目共睹，却也是造成近几十年来美国‘最丑陋、最分裂选举’的重要原因。”①

尽管如此，特朗普运用社交媒体的策略展现了他真性情的形象。他的冲动、在遭到批评时的快速反击、对“敌人”猛烈攻击的癖好，让选民觉得他是如此“接地气”。华盛顿观察家称，特朗普借此形成自己的竞选语言风格，戏剧性地改变了大选氛围和选民对总统竞选的期待，成功地营销了自己。美国南加州大学马歇尔商学院市场营销和品牌专家艾拉·卡尔布（Ira Kalb）认为，特朗普确实有效地接触了他的追随者。“特朗普使用不同的短语，不断重复，比如‘奸诈的希拉里’，”他说，“他这么简单直白，受众很容易理解。在沟通上，这非常有效。”②

3. 利用平台适时反击

在主流媒体的报道都倾向于希拉里且不断抹黑特朗普形象时，社交媒体成为特朗普最重要的反击工具。新媒体时代，要表达自己的反对和异议已不再需要大费周章召开新闻发布会或请媒体来采访，只需要发布一条推文，即可省时省力又省钱地向大众传达自己的观点。以人际传播为基本传播机制的社交媒体平台又可以将这些内容迅速地传播给更多用户。特朗普充分利用了社交媒体平台的传播特性，通过发表推文进行回击，为自己辩护。2016 年 11 月 13 日，特朗普发布推文抨击《纽约时报》，认为其对“特朗普现象”的报道十分不准确，使他正在失去数以千计的用户。特朗普还利用推特对媒体报道进行“辟谣”，比如对于《纽约时报》报道他认为“更多国家都应该持有核

① 徐剑梅. 社交媒体“捧红”特朗普的隐忧［EB/OL］.（2016-11-04）［2024-07-06］. http://news. xinhuanet. com/comments/2016-11/04/c_1119847307. htm.

② 盛媛.“社交媒体总统”特朗普的崛起［EB/OL］.（2016-11-11）［2024-07-06］. http://tech. sina. com. cn/i/2016-11-11/doc-ifxxsmic5964050. shtml.

武器”，他发表推文表示“这纯属造谣，我从未说过”。在主流媒体对特朗普恶评如潮的报道之下，特朗普通过社交媒体即时回击负面新闻，在一定程度上挽回了互联网用户对他的印象。符合社交媒体内容传播形式的简短有力的回击言论也带来了强有力的传播效果。

（三）选举中的社交媒体与传统媒体

据不完全统计，在报道2016年大选的288家报纸中，有75%宣布支持希拉里，包括《华盛顿邮报》《洛杉矶时报》《纽约时报》《波士顿邮报》等。美国影响最大的100家报纸中，56家明显站队表示支持希拉里，而支持特朗普的只有1家。电视媒体同样如此，包括CBS、NBC、ABC在内的几乎所有的主流电视媒体都把枪口对准了这位不按牌理出牌的候选人。在选举结果确定之前，多家传统媒体都预测最后的赢家会是希拉里。但选举结果却令这些传统媒体大跌眼镜，甚至对于传统媒体来说成为一场灾难。从最后的选举结果来看，主流媒体议程设置作用在这次大选中近乎瓦解。

在这次大选报道中，传统主流媒体支持希拉里贬低特朗普的立场非常明显，但这种倾向却没有影响到更多的选民来改变最终的选举结果。部分原因在于在当前新型的媒介环境之下，传统主流媒体已经不再是人们获取信息的唯一渠道，甚至对于年轻用户来说已经不是一种主要渠道。皮尤中心调查显示，在2000年总统大选中，仅有6%的公众声称互联网是其获得竞选消息的主要来源。到2004年，竞选网站和新闻网站已经成为公众获取竞选信息的主渠道。2008年是大选信息传播渠道的转折年。奥巴马选举获胜的一个重要原因，是使用数字媒体与公众开展直接交流和沟通。2008年，竞选网站开始设置与传统主流媒体的链接，定期更新内容，转发媒体文章，并且开始播出视频内容。2012年美国总统大选新闻的传播中，传统媒体已不再是竞选者传播大选信息的主要渠道，甚至这一年电视辩论的收视率也明显下滑，这与2012年是奥巴马谋求连任，并且获胜优势较为明显有关。2016年美国总统大选，社交媒体传播的一个新亮点是，借力视频传播信息、动员公众。虽然早在2008年和2012年，竞选人已经尝试使用YouTube经常性地发布视频，但

2016 年则将视频运用到了极致。希拉里每天在脸书和推特上发布 5 个视频，占每日更新信息的 1/4。特朗普则每天发布 1 个视频。这些视频又在主流电视网络上二次传播，广泛覆盖社交媒体和传统媒体受众。可以说，两位竞选人开创了大选视频新闻的新纪元。而视频作为当下最热门的内容呈现方式，在用户到达率上具有显著优势。

社交媒体的发展影响着人们获取消息的方式，传统主流媒体对人们的吸引力在下降。在这个传统媒体挣扎求生存的时代，其衰落除了体现为发行量及广告收入锐减外，也体现为其影响力下降。当下“受众”的概念越来越多地被“用户”的概念所取代，这体现着被动接受信息的时代已经逐渐远离，用户在新媒体时代拥有更多主动性，多种社交媒体及新媒体平台也为用户提供了参与渠道。人们逐渐习惯于通过周围人一次次传播来获取消息，也逐渐参与到这种大众化的消息传播过程中，大众的声音和力量在社交媒体上得到聚合和扩大，甚至盖过传统媒体的声音。传统媒体影响力下降的部分原因在于社交媒体发展势头凶猛，另一方面则在于传统媒体在报道内容上失去了受众的信任。在大选中，诸多主流媒体的报道明显偏向希拉里。CNN 在报道过程中不仅篡改特朗普推特原文，甚至疑似在直播中掐掉连线，以阻止不利于希拉里的言论传播。在这种情况下，读者对于主流媒体报道的信任感有所下降，自然无法因为主流媒体的报道倾向而改变自己的投票意向。

社交媒体对于政治的影响还体现在颠覆权力结构。过去的政治权力结构是以资源、地位等物化特征为核心，精英阶层成为政治操控的主角，但现在以信息为核心的政治结构正在改变着权力传播的上下模式，在“Web 2.0”技术的冲击下，尤其是社交媒体的出现，让普通民众拥有了信息获取渠道和思想交流平台，由此也引发了各国政治模式失衡。权力结构从控制型、垂直型向分散型、交互型转变，个人表达与政治参与力日益增强，使旧有技术官僚的缺陷不断暴露，社会抱怨与不满在互联网世界聚合、统筹与释放，进而转化为街头政治、广场政治或舆论政治，最终形成冲击旧有治理秩序的巨大力量。[1] 但目前传统媒体的核心逻辑依然是旧的精英主义逻辑，忽略了大众对于信息的诉求。这次大选主流媒体的挫败是其与大众世界割裂的反映，这对于主流媒体来说是一个深刻的教训。虽然社交媒体上信息质量参差不齐，但社交媒体在政治传播中的影响力已经不可小觑。主流媒体更应该担负起报道客观事真实的职责，以精英主义的角度可能非但不会达到正确引导大众的效果，反而会适得其反。

三、社交媒体与特朗普的崛起

特朗普选举的胜利是社交媒体催化的结果，它代表互联网的更新文化、测试文化、对话功能正在解构精英主义，走向大众化。互联网正在悄悄地重构新的政治秩序，也倒逼传统精英分子不得不关注互联网的强势效应。毕竟，谁掌握了互联网阵地，谁就拥有了先声夺人的阵地，谁就拥有了一呼百应的号召力，谁就拥有了把脉民意走向的利剑。

（一）社交媒体催化下的“草根”选举

美国媒体于 2016 年 12 月 9 日公布的初步统计结果显示，共和党总统候选人、纽约地产大亨唐纳德・特朗普在 2016 年美国总统选举中获胜，当选新一届美国总统。“美国大选，共和党全胜！赢了总统选举，控制参、众两院。全无政界和军队背景的特朗普力抗来自利益集团、华尔街、硅谷、老牌政客和媒体的压力，将以‘草根’身份入主白宫，领导这个国家。这就是美国民主政治的结局，选票决定一切。”这段话是在互联网上传播比较广泛的言论。社交媒体催化下的选举貌似越来越代表“草根”的民意。互联网成了一个“授粉媒介”，从英国的脱欧投票，到特朗普当选美国总统，社交媒体成了民意发酵场，也成了“草根”的展示台，一场孤独的战斗演化为轰轰烈烈的大众行动，激发了数百、数千、数万、数百万的人们去关注，去参与，去行动。

---

① 刘文富 . 网络政治：网络社会与国家治理［M］. 北京：商务印书馆，2004：247.

互联网支撑下的社交媒体是如何“发动”大众，甚至是“颠覆”精英、“对抗”传统的呢？特朗普在选举中的获胜，是网络赋权下的民意使然，还是众声喧哗下的反向表达；是机缘巧合下的偶然事件，还是因势利导下的必然结果？

究其原因，我们不得不从特朗普选举所依靠的手段、所依托的群体来看，互联网支撑下的社交媒体在特朗普选举中发挥了重要作用，社交媒体的使用人群则构成了本次选举的群众基础，而互联网寓意的文化更是不可忽视。

（二）社交媒体催化下的互联网文化：更新、测试

社交媒体的自身属性，一个是“社会性”，即它对社会文化的依附性。当下互联网的更新、缓冲技术衍生出互联网的文化寓意：更新文化、缓冲文化，以及由于人与人之间黏性增强而形成圈子文化。另一个则是“传播性”，无论是基于人际互动的个体传播，还是基于公众需求的大众传播，抑或是基于商业推广的品牌传播，都是动态的。BuzzFeed 新闻发现，仅仅是南斯拉夫马其顿共和国的一个城镇就运营了超过 100 个“亲特朗普”网站。这种互联网强势“造势”的传播效度为特朗普选举拓展了新的阵地。而几乎所有的精英或传统媒体都低估了互联网的动员与参与作用。

从互联网更新文化的层面来谈，相比较“创新”而言，创新意味着“破坏性”“颠覆性”，强调的是一种质变突破，而“更新”则关注每个时间节点、每个阶段的累积变化，是一种即时的、跟踪性的量变积累。创新是少数先导精英的最后突破，更新是每个用户都能自主参与的即时行为。正是“更新”的不断累积，才会在一定时间内实现“创新”的质的飞跃。在前两轮希拉里以“精英分子”的傲娇支持率一路领先的情况下，特朗普在选举最后戏剧性“逆袭”成功，正是互联网新文化带来的临界突变。

从互联网缓冲文化的层面来看，缓冲是指“Buffering”，而这个词，还有“减轻、保护、使不受侵害”的意思，这暗含了技术转换的时间间隔、内容加载的延迟等待，其背后正是为了更好地更新和应用。更新是缓冲的内在动力，技术的更新需要时间的缓冲，核裂变式的信息增长更新，更需要人们文化心

理上的缓冲。缓冲作为一个“尝新试错”的呈现方式，给予漏洞、错误得以呈现的空间，也给予系统发现问题、修正问题的容忍时间。① 特朗普选举的胜利，让很多精英分子不以为然，但选举的结果却在某种程度上不可置疑地宣扬着一种大众选择，纵然特朗普不是一个政坛经验老到的政客，而是一位“唯利是图的商人”，但这丝毫不影响网民的支持率，这正折射出社交媒体下互联网用户勇于去“尝新试错”的信心。“永远的测试版”即使不能成为一种常态，也是对抗精英主义所谓自尊和骄傲的心理基础。

（三）社交媒体催化下的对话

从互联网的对话功能来看，作为信息传播的新闻实践应该完整包括传者、受众、媒介三要素，只有三者形成传播的闭合链条，传播关系才能成立，所以“传者—媒介—受众—媒介—传者”的双向互动和对话成为新闻实践中必不可缺的一环。受众必须接触到某个媒介或者看到、听到某条信息，传播过程才形成，媒介、传播者、受众之间的互动关系才出现。否则即使有再丰富的信息，没有被受众接收到便失去一切意义，成为信息空间中的僵尸或幽灵。在本次大选中，选民与媒介、参选人与媒介、选举人与选民之间都存在着多向互动对话，这种对话基于互联网的参与和交流互动产生，从而打破了传统媒体主导的一家独大局面，意见表达从“传者导向”的话语模式转变为多样媒介表达的“众声喧哗”。特朗普利用社交媒体成功当选消解了精英分子主导政治秩序的权力。

四、社交媒体技术与特朗普的崛起

纵观美国大选的历史，媒体技术在每个时期都会发挥一些作用，罗斯福利用广播和选民“炉边谈话”，肯尼迪通过电视演讲竞选成功，奥巴马被称为

---

① 田智辉，梁丽君．互联网技术特性衍生的文化寓意：更新、缓冲与纠错［J］．新闻与传播研究，2015（5）：93–100+128.

互联网总统，特朗普被称为“推特总统”。那么，2016 年美国大选，社交媒体的应用有哪些“技术创新”呢？回答是算法、聊天机器人和黑客等技术。

（一）运算法则作为推手：个性化新闻

“算法分发”利用数据技术，筛选用户感兴趣的新闻资讯，极大地提升了新闻的分发效率。作为社交媒体的利器，算法分发逐渐超越编辑分发，成为网络新闻主要的分发方式。有一些评论家、政治传播学者和记者认为，唐纳德·特朗普作为共和党提名人当选总统，在很大程度上受益于社交媒体和“技术创新”。

社交媒体就是建立在算法推送基础上的信息传送平台，在社会上产生了越来越大的影响。随着智能手机的普及，网络公司努力根据大众的个人喜好调整其对用户的服务，如新闻或信息的搜索、定位广告、内容推送等，引发的是大众对信息的偏好，新闻媒介从“媒体中心论”逐渐向“用户中心论”转变。众多新闻客户端和新闻网站，为了给受众提供更好的用户体验，新闻推送越来越趋向于“个性化”和“精准推送”。

在新闻运算法则下，新闻的精准、个性化推送无疑是一种很好的解决方式，“投受众所好，尽媒体所能”。但另一方面，在新闻算法的个性化推送下，受众感兴趣的新闻堆积在一起，信息同质化严重，视野狭隘，使人接触不到更多异质化的信息，不能及时地知晓社会所发生的变化，不能做出相应的行为改变，而将自己困在“信息茧房”中。

此外，很多网站内嵌的算法会通过使用者的地区、先前活动记录或是搜寻结果来给予使用者想要的或是观点一致的结果。这也是内容农场网站 Upworthy 的创办人 Eli Pariser 提出的言论滤泡（Filter Bubble）。如谷歌的个人化搜寻结果以及脸书的个人化动态消息、亚马逊与网飞（Netflix）的过滤性推荐系统等，结果会造成参与网络交流的人常常只能听到跟自己想法类似的观点，越来越看不到他们不认同的观点或资讯，认知过于单向，关注同样的话题，并处于他们的文化、意识形态气泡之中，让社会上不同声音彼此沟通交流的管道减少，甚至对民主政治造成危害。此外，相同声音和信息的汇集，其发生和过程便是传媒学所说的“信息流瀑”（Information Cascade），它指的是这样一种群众行为：人们不管自己究竟有什么想法，看见别人怎么样，就有样学样。所学之样可能是直接模仿，也可能是凭猜测或推断别人的意思，然后亦步亦趋。这并不是新的社会现象，但便捷、快速的网络社交，大大加剧了这种现象的冲击范围和力度。

在巨量的网上信息中，由于技术的便利，用户只选择自己想看到的东西、想听到的声音，并对其做出回应，回应经过回音壁的作用又反馈回来，同一观点被不断激化、强化并推向极端，因此，不同群体之间的沟通并不见得一定会比信息匮乏的时代来得顺畅和有效。用于交流和接收信息的机制与技术，个性化内容系统（如：搜索引擎、社交媒体内容和有针对性的广告），以及它们依赖的运算法则，这些技术应用衍生出来的是一种新型的、可策划的媒体，政治话语不可避免地被操控了，对政治话语的公正性危害不小。用公平的、批评性的政治话语来交流想法和价值观几乎不可能实现。① 有专家指出 2016 年大选，算法带来的“回音壁”及“言论滤泡”现象需要反思，因为它们屏蔽了持不同政见人的对话空间。②

（二）运算法则作为推手：假新闻

算法分发使个性化新闻变得可能，也带来了不少弊端。同样，人工智能依靠机器深度学习，以精确的算法以及海量的数据，对信息进行分析与推送。诸如新闻推荐算法、新闻分类算法、新闻热度算法、新闻个性化推荐算法、新闻排序算法、相似新闻算法等，“统治”了新闻的筛选、推送及分发。效率大大提高，机器算法上岗，人工编辑失业成为一种常态。算法主导的时代，更需要把关、主导与引领的“总编辑”，更需要有态度、有理想、有担当

① MITTELSTADT，SUTCLIFFE D. Should there be a better accounting of the algorithms that choose our news for us? [EB/OL].（2016-12-07）[2016-12-07]. https://www. oii. ox. ac. uk/should-there-be-a-better-accounting-of-the-algorithms-that-choose-our-news-for-us/.

② JARVIS J. A call for cooperation against fake news [EB/OL].（2016-11-18）[2016-12-07]. http://buzzmachine. com/2016/11/18/call-cooperation-fake-news/.

的“看门人”。所以，谷歌和脸书等社交媒体是技术公司还是媒体公司，恐怕很难简单来定义了。

2016 年 1 月皮尤调查显示：超 6 成美国人从社交媒体获取新闻，其中在脸书和推特上获取新闻的用户分别达到了 66% 和 59%。2016 年 8 月扎克伯格还表示，脸书永远是一个科技平台，不会成为一家媒体。为了证明自己科技公司的立场，他宣布取消所有的热门话题编辑，将热门话题的编辑、推荐和排名全部交给人工智能。并且，脸书在取消编辑时就明确表示，作为科技公司，让算法和人工智能代替人工筛检和编辑是必然和已经发生的事。仅仅过了 3 天，脸书的热门话题中就出现了假新闻。

在美国大选中，除了脸书外，还有另一大流量巨头谷歌。在谷歌中搜索“最终选票统计”（final election count）时，一条声称特朗普赢得普选的结果被置顶，但实际上却是希拉里领先了 100 多万选票。此事之后，谷歌受到了多家传统媒体公开批评，被质疑其检测假新闻算法的实用性。那些在社交媒体公司使用算法的人通常不能解释算法以哪种特定方式运行，也不能确定故事或主题“趋向”，一条由用户张贴或转发的新闻，有可能会广泛传播，而平台提供商不会去做任何事实核查工作，假新闻的出现也是必然的。

据 BuzzFeed 新闻记者的调查，在 2016 年中，南斯拉夫马其顿共和国的一个小镇韦莱斯（人口 4.5 万），经历了数字化的淘金浪潮，因为当地人至少推出了 140 个美国政治网站。[①] 这些网站有听起来像美国风格的域名，如 WorldPoliticus.com，TrumpVision365.com，USConservativeToday.com，DonaldTrumpNews.co 和 USADailyPolitics.com 等。运营这些网站的几乎都是青少年，大多数帖子都是从美国的右翼网站集成聚合或完全剽窃的。网站主要为亲特朗普的选民提供各种“千年难见的新闻”。写一个耸人听闻的标题，并迅速发布到他们的网站，然后分享到脸书上，来迎合特朗普的支持者。脸书上点击的人

---

① SILVERMAN C，ALEXANDER L. How teens in the balkans are duping trump supporters with fake news [EB/OL]. (2016-11-04) [2016-12-07]. https://www.buzzfeed.com/craigsilverman/how-macedonia-became-a-global-hub-for-pro-trump-misinfo?utm_term=.xyOXrAOg4&from=singlemessage&isappinstalled=0#.sagvz694O.

越多，他们网站的浏览量带来的广告收益就越大。

美国大选期间，《教皇支持特朗普出任美国总统》《索罗斯支持黑人权益团体意在搞垮美国》《联邦调查局调查希拉里案件探员死亡》等“挺特朗普”的虚假政治新闻广泛流传。《俄罗斯报》网站 12 月 16 日报道，美国总统大选时，通过脸书散布的假新闻受关注程度超过权威媒体的主流报道。结果，20 大假新闻获得了 871.1 万次转载、点赞和评论，而主流媒体的 20 大新闻则较之少了近 150 万次。

皮尤在 2016 年 12 月 1 — 4 日进行的调查发现，2/3 的美国成年人说，虚假新闻正导致人们对当前事件的基本事实的“极大困惑”。谷歌和脸书两大公司都被指责其平台推荐的假消息大肆传播影响了大选结果。希拉里于当地时间 12 月 18 日在国会上发表公开演讲称，“所谓的假新闻已经不仅仅和政治党派相关，它已经导致现实生活中的严重后果”，针对社交媒体上泛滥的恶意新闻和虚假宣传，各方“必须站起来维护我们的民主制度”[①]。

2016 年 11 月 13 日，特朗普在接受 CBS《60 分钟》采访时说，社交媒体是帮助他胜选的一个关键要素。“事实是，在脸书、推特、照片墙等社交媒体的帮助下，我才能赢得这么多的选票。社交媒体使我不需要像希拉里那样在数字广告和传统广告上投入巨资。我认为，社交媒体的影响力要大于他们在广告上的支出。”“脸书和推特等社交媒体是很棒的沟通方式。我不是说我喜欢社交媒体，但是它们的确能够让外界听到我的声音。当你们在对我进行负面宣传或者不实报道时，我可以使用社交媒体进行反击。”特朗普之后，美国社会意识到假新闻、谣言和蛊惑言论对社会的危害极大。从希拉里到美国议员，从新闻主编到社交网站、互联网技术公司，从学者到大学教授都强调必须认真对待这些问题并及时采取措施。有评论家认为，特朗普的成功逆袭，为互联网带来了一个“后事实”（post fact）或“后真相”（post truth）时代。

---

① 卿滢．败选后二度露面 希拉里呼吁打击假新闻泛滥［EB/OL］.（2016-12-09）［2016-12-12］. http://t. cn/RI7eOBY.

（三）聊天机器人的助兴

“Bot”，全称应该是 Chatbot——聊天机器人。一群看不见摸不到的聊天机器人组成了大军。过去的聊天机器人是计算机工程师们开发的软件，专门用来跟人聊天。之前在微博微信上刷存在感的微软小冰就是一个基于人工智能的聊天机器人。聊天机器人正在以飞快的速度发展。EarthLink 的数据统计显示，全球 20%的计算机内含有聊天机器人。这些聊天机器人背后的拥趸主要分成两个组别：平台方和服务方。如脸书和微软一样，让第三方服务商把聊天机器人放到自家的 IM 软件 Messenger 上。聊天机器人就是自动与其他用户交互的社交媒体账户，而且聊天机器人在公共政策问题、政治危机和选举等政治信息发布中特别活跃。

它们被用于虚增候选人的粉丝数。例如，2011 年，Gawker 报道说，Newt Gingrich 的 130 万推特用户中多达 80%是假的。2016 年大选中聊天机器人的数量明显上升，其中标签为支持特朗普反对希拉里的信息大约发出了 40 万条。在推特上，它们类似新的自动语音电话，发送消息影响和说服选民。

这些自动化的社交媒体聊天机器人账户是由熟悉推特的 API（应用程序编程接口）的人创建的。然后，个别的机器人被组织成更大的集合，称为聊天机器人网络，可以向政治用户或群体发出宣传信号。研究人员说，这是一个趋势，还会继续下去，除非社交媒体公司开始调整政治导向的内容。“聊天机器人将继续以更复杂的方式在网上左右选民，掩盖真相，传播假的故事”，政治聊天机器人项目的研究员塞缪尔·沃利说。越来越多的政治活动者和政府正在利用人和机器人来塑造政治对话。聊天机器人可以执行合法的任务，如传递新闻和信息，或进行恶意活动，如发送垃圾邮件、发布骚扰和仇恨言论。不管怎么用，机器人都能快速发布消息并复制，像人类用户那样将消息传递出去。在美国大选第 3 次辩论之后，推特上亲特朗普的账户自动推送的消息是亲希拉里账户的 7 倍。事实证明，这些账户大多数是由聊天机器人操作的，这也是数字宣传的最新工具。塞缪尔·沃利说：“这绝对是这次大选最重要的数字化内容之一。”①

（四）诡异的黑客攻击

美国中央情报局和联邦调查局都得出结论，认为俄罗斯政府幕后主使了针对这届美国大选的黑客行为，并故意通过维基揭秘泄露相关文件来影响大选。他们相信俄罗斯政府高层直接参与了窃取和泄漏美国民主党全国委员会文件的活动，以此影响2016年的美国大选。美国情报总局局长克拉珀（James Clapper）、国家安全局局长罗杰斯（Michael Rogers）、美国国防部安全局局长莱特尔（Marcel Lettre）共同签署的一份声明中称，“只有俄罗斯最高层”才是在美国总统选举期间盗窃数据和公开数据的责任承担者。这份于2017年1月5日提交给美国国会参议院军事委员会的声明指出，俄罗斯黑客大规模袭击了美国政府组织、重要基础设施以及一些企业。该声明还否定了特朗普对俄罗斯干预美国大选以至于出现对其有利结果的质疑。

结　语

正如郑永年所说，特朗普现象与社交媒体密切相关。没有社交媒体，就不可能有特朗普现象。②因为社交媒体对传统政党构成了挑战。近代以来，政党是组织政治生活最有效的方式，但是政党演变到现在变成了精英俱乐部，是精英的政党，精英俱乐部自然就有脱离社会的趋向。在社交媒体出现之前，传统媒体、传媒机构，要么受资本控制，要么受政治控制。社交媒体出现以后，这种情况就发生了变化。社交媒体有很多的倾向性和社会功能，政党的很多功能可以被社交媒体所取代。

---

① KOLLANYI B，HOWARD P N，WOOLLEY S C. Bots and automation over Twitter during the third U. S. presidential debate［EB/OL］.（2016-10-27）［2016-12-07］http://politicalbots. org/wp-content/uploads/2016/10/Data-Memo-Third-Presidential-Debate. pdf.

② 郑永年，莫道明. 如何避免“特朗普现象”在中国蔓延扩散［EB/OL］.（2016-11-26）［2016-12-06］. http://mp. weixin. qq. com/s/giFtf7cPxKzMjgmKAciDQ.

特朗普在选举中借用了共和党这个平台，把共和党这个名字放到了社交媒体平台，使政党社交媒体化。这种做法其实奥巴马已经在用了，但这次是用得最充分的。以前的选举，候选人是借助传统媒体加上社交媒体，现在特朗普排斥了整个传统媒体，他的崛起完全靠社交媒体。

特朗普“统治”下传统媒体的集体崩溃

从竞选到就职，特朗普从来不隐瞒他对媒体的反感。

一、特朗普对媒体的反感

200 多年前，美国《独立宣言》的重要起草人，第三任美国总统托马斯·杰斐逊就说过：“民意是我们政府的基础，所以首要目标是维护这一权利。如果由我来决定我们是要一个没有报纸的政府还是没有政府的报纸，我将毫不犹豫地选择后者。”在西方国家，代表民意的媒体非常重要，是继行政权、立法权、司法权之外的第四种政治权力。有了这个权利，美国媒体在很多时候还是站在国家利益上，对政府进行监督、跟踪。美国的权利法案，即“宪法第一修正案”，确立了美国神圣不可动摇的一项原则，叫作言论自由、新闻自由。

自 19 世纪以来，媒体和政府的关系相当尖锐，报社的记者乐此不疲地攻击上至美国总统下至各级政府负责人，以此来满足公众需求，提高报纸销量。即使贵为美国总统，最好的策略仍然是对这些记者敬而远之。也有总统想处理好与媒体的关系，19 世纪 30 年代的美国总统安德鲁·杰克逊，是最早聘用新闻发言人的总统；1897 年，美国总统威廉·麦金利则开始任命专门负责与媒体打交道的官员，给记者做简报并与其沟通。后来的总统都沿用这些方式。

历数美国大选，新媒体助一臂之力的例子也不少。特别是自大众媒体兴起以来，19 世纪末，普利策的《世界报》帮助克利夫兰总统入主白宫；美国经济大萧条后罗斯福绕开了对他不友好的报纸媒体，利用新媒体即广播电台，围着炉边和选民拉家常，给予民众一种安慰和信任感，选票自然比另一个候选人胡佛多。没有名气的肯尼迪生逢其时，他利用电视媒体展示自己的优势：年轻、帅气，选民们第一次在电视上看到政治家的风采，自然很喜欢。

那个时代通信技术是稀缺产品，谁拥有了传播渠道，谁就是“无冕之王”，选票固然重要，媒体的权势也不能小觑，也是那句话，“水能载舟亦能覆舟”，媒体要把什么事情都暴露出来就没有退路了，于是，尼克松总统因为“水门事件”被迫辞职。

进入互联网时代后，情况有所改变。奥巴马也没有从政经验，得益于互联网的小额捐款和社交媒体的宣传，当上了美国总统并被称为“互联网总统”，成为第一位有黑人血统的总统。媒体技术的推广和应用是这个时代赋予每个人的权利。媒体一再强调的政治局外人（political outsider）特朗普，尽管受到很多主流媒体的“不公”待遇，却硬是靠使用社交媒体也当上了美国总统。

从竞选到就职，特朗普从来不隐瞒他对媒体的反感，痛骂媒体“不诚实”；在就任总统的第一天就指着媒体人，骂其是世界上最不诚实的一群人。他跟媒体之间正在进行一场战争。任何政治人物对媒体都是忍让、讨好，力求合作，借媒体来推广自己的政治见解和形象，生怕媒体会写出什么损贬自己的话，即使不满意媒体，也不会公开对骂。特朗普却反其道而行之。他的推特内容就是民意，就是政府言论。他的白宫新闻官及官员们也是有过之而无不及。

《纽约时报》的白宫记者彼得·贝克（Peter Baker）说，美国新闻媒体是世界上最自由的，在一个信息易于传递的时代，一个民主国家的根本标志就是具有攻击性且不受约束的媒体。让人感觉嘲讽的是，白宫记者发现几乎不可能完成自己的使命，因为根本就不了解总统，解释不了总统行为。

那么，特朗普“统治”下的媒体该何去何从？

二、2016 年大选成为传统媒体的灾难

2016 年美国大选，在传统媒体的标题中，特朗普好像“一无是处”：“政治局外人”特朗普参选，他是“唯利是图”的商人，年过 70，既没有形象，也不亲民，甚至撒谎，像泼妇一样骂街。可是，传统媒体和现实产生了严重的反差，媒体自以为是的东西和现实形成了严重的脱节。

据不完全统计，在本次大选中，总共 288 家报纸有 75% 宣布支持希拉里，包括《华盛顿邮报》《洛杉矶时报》《纽约时报》《波士顿邮报》等。美国影响力最大的 100 家报纸中，56 家明确表示支持希拉里，而明确支持特朗普的只有可怜的 1 家；电视媒体同样如此，包括 CBS、NBC、ABC 在内的几乎所有的主流电视媒体都把枪口对准了这位不按牌理出牌的候选人。在选举结果确定之前，多家传统媒体都预测最后的赢家会是希拉里。但选举结果却令这些传统媒体大跌眼镜，甚至对于传统媒体来说是一场灾难。从最后的选举结果来看，主流媒体议程设置作用在这一次大选中近乎瓦解。

特朗普从参选、竞选到任职，和媒体的关系非常不好，一年多来，传统媒体几乎是一边倒地反对特朗普，力挺希拉里，但依旧没能劝阻美国选民将他送进白宫。传统媒体完全被颠覆了，导致特朗普选择了“没有报纸的政府，而不是没有政府的报纸”。

特朗普以社交媒体作为武器，每天在推特上向自己的 1000 多万粉丝发布各类道听途说甚至造谣中伤的不实信息，用以攻击自己的竞争对手。特朗普参加美国总统竞选以后，一直就用激进的言论吸引美国选民，俗话说“语不惊人死不休”，而去参加特朗普的竞选演说会，如果听不到他的激进言论，或许就会感到不舒服。特朗普受到追捧，他的出格言论大多是通过新媒体传播出去的。在以社交媒体为代表的新媒体那里，传统媒体的底线荡然无存。

特朗普就任后，发推特就是履行总统职责的一部分，不需要媒体，自己报道自己。特朗普表明，“我要把我的信息直接传达给人民”，“开记者发布会

的目的就是为了绕开媒体直接传达自己的观点”。

不管怎样，传统的报纸和电视媒体都是高度中心化的，有一套严格的审核机制，在内容的质量标准、言论尺度以及“政治正确”方面，它们内部有一条存在已久且难以突破的共识底线。如果一家传统媒体发表了一篇虚假新闻，那么它的声誉会遭受重大损害，甚至从此一蹶不振；脸书和推特等社交媒体上每天都充斥着各种荒诞不经的谣言和肆无忌惮的中伤却丝毫无损，因为它们都被视为能够免责的纯粹的平台，而且这些平台上的用户期待也与传统媒体的非常不同。参透了这一点的特朗普们因此无往而不利。所以，“后真相”“被替代的事实”成为可能。

约瑟夫·奈（Joseph S. Nye.Jr）在一篇文章里说，在选举期间，特朗普对推特的熟练使用外加对美国有线电视媒体的有效掌控，使得竞选团队和媒体的公共议程效率取得了跨越式发展。

三、媒体的反省：公信力的丧失

这次美国大选，传统媒体的“集体崩溃”，让媒体行业的学者、记者受到很大震动，他们也进行了很深刻的反省。宾夕法尼亚大学安娜堡学院教授维克多·皮卡德（Victor Pickard）撰稿《媒体的问题就是极端的商业主义》，指出过去的100年，美国一直在实验商业主义新闻，把新闻当作商品和公共服务，实验是失败的，新闻只有娱乐，没有告知。他说，唐纳德·特朗普的胜利揭示了美国的核心体制，特别是其媒体机构的严重缺陷。虽然电视新闻、专业记者和社交媒体平台都受到严厉指责，但这些批评的重点在于症状而不是深层病理。

相反，我们应该抓住这个机会，关注我们媒体的系统性问题，推动变革。我们必须清楚根本性的问题是，我们的媒体制度源于极端的商业主义。总是有争议的特朗普对于收视率驱动的新闻媒体是不可抗拒的，对利润的无止境追求，使得危险的政治合法化。不要怪罪观众，新闻报道不是他们的需求，媒体老板和广告商要担此责任。

特朗普在竞选活动期间的频频曝光简直就是广告商的诱饵，特朗普时时触犯媒体的底线，媒体为了吸引大众，就要取乐。CBS 首席执行官莱斯利・穆恩维斯（Leslie Moonves）恬不知耻地说：“候选人特朗普，可能对美国不利，但对 CBS 来说是利好的。”如此说，媒体哪是为民主社会服务，而是在追求利润。所以，皮卡德教授提出了一个观点，未来属于不追求利润的媒体。

其实，商业主义至上的美国媒体，其商业主义的源头在于美国的法律。美国的权利法案，即“宪法第一修正案”，确立了美国神圣不可动摇的一项原则，即言论自由、新闻自由。在这样的一个原则下，美国从建国以来到现在为止，美国的媒体基本上都是私人拥有，美国的公共媒体很少，政府资助非常少，所以，媒体的存活、盈利都要靠广告。美国媒体的现实或趋势都是经济至上、利润至上，公开谈论政治的越来越少，更关心的多是政治家的丑闻、绯闻，色情、暴力充斥媒体。整个社会的公信力下降，新闻业也是如此。媒体毫无遮掩的商业化表现，让观众对媒体产生了不信任。媒体垄断和利润至上导致媒体的公信力大大下降。

此外，美国纽约大学新闻学教授杰伊・罗森（Jay Rosen）也反省了新闻界的问题。他指出，美国严肃新闻处在第一次世界大战以来最黑暗的时期，非常糟糕，严肃新闻作用减弱、难以为继。新闻行业处于衰落状态是因为大部分新闻机构都面临经济危机，新闻编辑部完全被发行量或收视率摧毁了，数字化的盈利都被谷歌和脸书得到了，它们却没有新闻编辑部。还有，新闻报道模式陈旧、过时，这种破旧模式很难修复了。

杰伊・罗森说“水门事件”式的新闻报道越来越倾向于煽风点火和政治极化，不是告知大众，引起他们的警觉，而是把耸人听闻的揭示、艰苦的调查和腐败的揭露当作加速政治分歧的佐料。这种新闻报道越多，只能带来越多愤怒的回击，特别是当特朗普深挖这些报道后，记者和媒体机构会招来更多的攻击。

英国卡迪夫大学新闻教授理查德・圣布鲁克（Richard Sambrook），曾经在 BBC 工作过 30 年，担任过资深记者、环球新闻部主任等，他在《为什么说媒体在重大选举中不那么靠谱了？》的文章中提出，媒体应该从下面几个方面进行反思:（1）媒体很容易成为政治 / 名人泡沫的一部分，必须牢记新闻业是权力之“局外人”行为。（2）媒体花费太多时间自言自语，而不是与它服务的大众交流、互动。（3）越来越多的报道都是在桌面上，而不是在实地完成。（4）还没有找到与“不良信息的下水道”“恶意信息和碎片信息的吸铁石”的社交媒体对抗的办法。

特朗普的社交媒体策略及政治沟通技巧

特朗普的行为就不是一个正常的总统行为，也不是一个正规的政治家行为，而更像一个有竞争力的、大声的、深谙数字化应用的民粹主义媒体机构的行为。

一、特朗普自己的媒体帝国

在传统媒体与特朗普的博弈中，特朗普应该是略胜一筹，特朗普和媒体的关系将是前所未有的充满陷阱，特朗普有一定的自信或技巧进行“特朗普式”的政治沟通。约瑟夫·奈说，美国总统唐纳德·特朗普的批评者与反对者一直低估和忽视了他自身的政治沟通能力与技巧。

特朗普的沟通技巧经电视真人秀“磨炼”而成，过去几十年，他都是这些真人秀节目的常客，也是媒体的封面人物。在这些节目中，愤怒和挑衅性的言辞能够起到娱乐观众、提高收视率的效果。在美国共和党初选阶段，他使用这一方法在 17 位总统候选人中成功脱颖而出。有一项统计显示，特朗普获得了相当于价值 20 亿美元的免费电视广告，远远超过了他的共和党竞选对手杰布·布什（Jeb Bush）获得的价值 1 亿美元的付费电视广告。

特朗普采用的是直接传播，他用推特直接向公众喊话的方式令人难以置信，却是卓有成效的。特朗普娴熟使用推特，技能“高超”：在 140 字的篇幅内管控来自白宫的政策惊雷（policy thunderbolts），表达复杂的政策问题（如核武器）。同时，除了与自己的支持者沟通、保持本人关注热度之外，“推特治国”也让他能够巧妙地绕过国会和媒体而吸引更多公众的实际关注。《赫芬顿邮报》的主编莉迪亚·博格林（Lidia Polgreen）说，特朗普在他的脸书上现场宣布最高法官的提名，这就是赤裸的“脱媒或去中介化”。

此外，特朗普团队也是有组织地诋毁主流媒体新闻，从特朗普的首席战略顾问史蒂夫·班农（Steve Bannon），到特朗普的网络寻衅谩骂大军，如布莱特巴特新闻（Breitbart News）、德拉吉报告（Druge Report）、脱口秀节目、福克斯有线电视评论员，政治右派们有组织地诋毁主流媒体新闻。他们的策略就是，对任何与他们的观念相冲突的报道，都称之为“假新闻”。保守党电台主持人约翰·齐格勒（John Ziegler）对《纽约时报》记者说，“这么多年来，我们有效地给那些受众洗脑了，他们不同意的都不会相信”，“因为把关人在大众心中已经失去了信誉，我看不到他们能逆转”。

艾米丽·比尔（Emily Bill）是原《卫报》网站主编，现为哥伦比亚大学Tow数字新闻中心主任、教授。她发表署名文章说特朗普就是一个媒体组织。特朗普的行为就不是一个正常的总统行为，也不是一个正规的政治家行为，却更像一个有竞争力的、大声的、深谙数字化应用的民粹主义媒体机构的行为。对于他来说，媒介不是信息，是他的办公室。一旦有他的负面新闻，他就用推特单枪匹马、横冲直撞进行反击，让各界不知所措。他的首席战略顾问史蒂夫·班农本来就是极右网站布莱特巴特新闻的主编，现为特朗普总统这个媒体机构的主编。

他的女婿贾德·库什纳（Jared Kushner）是他的耳目，也是报纸《纽约观察者》（*New York Obeserver*）的老板。助力搞垮自媒体Gawker的硅谷亿万富翁皮特·蒂尔（Peter Thiel）也是特朗普的亲信。据说，一直力挺特朗普的有线电视福克斯新闻老板默多克，一周要和特朗普聊2—3次。很多迹象表明，特朗普根本不依赖于媒体的理解或关注，他不仅自己站在现有媒体的对面，更是要和他们一比高低，自立门户，简直要建自己的媒体帝国了。

媒体议程设置成本越来越低，不需要什么演播室、技术人员、制作者、助理、实习生、灯光、摄像、美发师、化妆师等，甚至不需要广告客户，所需要的就是一个有料的嘉宾，准时在早上的固定时间说点什么。这个早上的话题就够了，收听、收视都有了，让每个人都在谈论这个事，直到第二天改聊其他的话题。每天设置一个话题，对特朗普来说太合适了，他的办公室就是媒体机构，他不会停播。正如《纽约时报》的戴维·布鲁克斯（David Brooks）所言，特朗普是“阅后即焚”总统，非常形象。

他的推特内容和总统职能共生般地交织在一起了。特朗普每天踩着观众和其他媒体节目播出的生物钟按时发推特，像很多社交媒体大师那样，用一种“真诚的热情”发推特和帖子，带来了大量的粉丝、阅读量、分享、参与等。

对他的负面报道，他继续沿用他作为商人的话语对媒体进行反驳，好似指责商业对手一样——“撒谎！”“操纵！”“有偏见的媒体”，说《纽约时报》是“会输的”，蔑视 CNN 的收视率等。特朗普在保守主义政治行动大会上大批新闻媒体，谴责新闻机构是“虚假新闻的”“狡诈的”承销商，嘲笑记者自称拥有言论自由。

二、特朗普把恐怖当作武器

现在媒体融合是一个很时髦很商业化的词，互联网技术具备了容许所有的传播模式和传播内容通过某一平台运作，或聚合到某一服务终端。媒体融合带来的不仅仅是商业利益，也对政治、经济、社会和文化等产生巨大影响。但是，一旦媒体与政治融合，其危害性非常大。艾米丽说，必须正视其危害性。政治家往往利用媒体来塑造自己的政治形象和推广自己的政策，但是，特朗普好像要另起炉灶。他不仅需要媒体为他的政治理想服务，他还要把媒体与政治呈现和政治策略结合起来。

艾米丽说，当美国总统可以在推特上发起一场话语战争时，他是否可以有意设计一场真正的战争？我们生活在一个瞬息变化的时代，在这样的时代，官方的文化传播监管已经完全失效了。脸书的马克·扎克伯格和推特的杰克·多尔西制定规则，让国家元首自由沟通，我们其他人只能附和回应。其他颠覆性的政治运动——英国的脱欧公投、意大利五星运动党，最著名的是伊斯兰国 ISIS，也使用传播技术和政治的融合来招募、激活全新的权力。

《时代周刊》网站有一篇文章:《从来没有总统像特朗普那样传播恐惧》。特朗普要让你知道这个世界是“一片可怕的混乱”。恐惧一直是政治表达的有效形式，而且不少总统极力去夸大。可是，只有特朗普把这种恐惧当作武器。他的演讲和推特造成了一种舆论：不论是真实的，还是想象的，美国简直就是一个恐怖地狱，美国已经非常危险。所以，他的政策就是要解决这个问题，使“美国更强大”（make America great again）。他强调他的政策就是要解决这些危险，他是一个能应对公众恐惧症的专家。

社会学家、《恐怖文化》一书的作者巴里·格拉斯纳（Barry Glassner）说，特朗普是他从未见过的恐惧宣扬大师，他的套路非常清晰、简单：世界令人恐惧，我来解决。

三、媒体就是反对党?

特朗普可能得到非常少的正面报道，而且可能不会得到。保守党的媒体研究中心表示，去年秋季广播电视新闻网对特朗普的报道 91％是敌意的。这可能有点夸张，但毫无疑问的是他就职以后传统媒体对他的报道好不到哪里去，可是总统的支持率还有近 50%。这真是一个分裂的国家。

2017 年 2 月 17 日下午 4∶32（美国时间），特朗普发了一条推文：那些假新闻媒体（同时 @《纽约时报》，@CNN，@NBCNews）不仅是我的敌人，也是美国人民的敌人。2 月 23 日美国副总统彭斯在保守党派政治行动大会上演讲，说到“媒体、精英和建制派人，以及希望保持现状的所有其他人，他们一直不把我们的总统当回事。他们排斥贬低他，就是在排斥贬低千千万万勤劳却被遗忘的美国人，正是这些不计其数的男男女女们让美国成为伟大的国家。更糟糕的是，他们还在试图排斥贬低他。他们在试图排斥贬低我们所有人。”

特朗普的白宫首席战略家兼高级顾问史蒂夫·班农，描述媒体时多次使用“反对党”一词，他预言白宫与记者的对抗会愈演愈烈。“这些媒体都是社团主义者（corporatist）、全球主义者。他们坚决反对唐纳德·特朗普这样的经济民族主义者的计划，”班农说，“这就是为什么他们间的关系会变得越来越糟：因为特朗普会继续实施他的计划。随着经济条件越来越好、工作机会越来越多，他们之间的斗争也会持续。如果你认为他们会使你的国家没有斗争，那你就想错了。每一天都将是一场战斗。这也是我对唐纳德·特朗普最自豪的地方。”

对特朗普来说，媒体曾经是有用的陪衬，现在正成为他控制国家对话和管理国家的真正威胁。继美国总统特朗普日前炮轰一些美国媒体为“人民公敌”后，2017年2月24日，特朗普的新闻官禁止《纽约时报》和其他一些新闻机构参加吹风会，白宫和媒体公司之间的关系破裂。

“我们报道两党各个政府多年，白宫还从没出过这等事，”《纽约时报》总编迪恩·巴克特在声明中说，“我们强烈反对驱逐《纽约时报》和其他新闻机构。透明的政府给媒体提供自由接触的机会，这显然关乎国家核心利益。”著名政治活动家，加里·卡斯帕罗夫（Gary Kasparov）在推特上评论说，“自由的媒体绝不是人民的公敌，是特朗普选择的敌人，因为他真正应对的是责任担当和真理”，“妖魔化媒体就是世界上最凶恶的独裁者，相比一个幼稚的总统，美国人民更需要一个自由的媒体”。英国传媒教授巴里·冈特（Barrie Gunter）发推特说：“我建议总统的官僚们少说、多读书，他们明显的不安全来自知识的缺乏。特朗普总统也显示出与媒体打交道的无能，根本无法进行辩论，不能容忍挑战。”

四、传统媒体何去何从？

从特朗普总统及其幕僚对待传统媒体的态度，以及特朗普自己娴熟使用社交媒体的能力，传统媒体的生存处境、大选中落魄的表现，不由得引发人们思考，传统媒体能否破特朗普的局？没有传统媒体这个看门狗，世界会怎样？媒体何去何从？

除了进行反思外，传统媒体也在尽力不断地改善和应对新的情况。《纽约时报》驻白宫记者指出，特朗普和他的支持者的确相信他受到了媒体的极大不公平对待，因此媒体报道中的任何一个错误都会被特朗普政府放大，用来印证他受的委屈，这种被迫害的心态是导致特朗普竞选成功的重要原因之一。虽然这一心态从长远看难以在执政中得以维持，但肯定会增加媒体工作的难度，不过这也许是好事，美国的主流媒体需要这样的一种考验。

对这些记者而言，唯一的好事是从绝望中迸发出了创造力。他们更加依赖非政府的消息源，探索新闻报道形式和传播渠道的创新。

自从特朗普就职以来，成千上万的美国人走上街头，为未来担忧，寻找问责的地方，对负责任的媒体的需求前所未有地高。在特朗普时代，谁将挺身而出？谁敢于为问责付出代价？

美国著名媒体观察家杰克·谢弗（Jack Shafer）预言特朗普政府时代的机遇：这是一个重建新闻记者和读者之间关系的机会。当我们感觉到新闻自由的大门在不断地被敲击时，我们也应该注意到，另外的一个敲门声——机会的敲门声。这不仅仅是“新闻业的春天”，也是一个机会，重新建立一个正在衰落的美国媒体。

更重要的是，被特朗普攻击的媒体不会被其击倒。比如，特朗普说的“会输”的《纽约时报》，其电子版付费会员数量在去年最末三个月内增加了27.6万人。《纽约时报》首席执行官马克·汤普森表示，“纸版和电子版的付费读者总数超过了300万人，达到史上最高水平”。《华盛顿邮报》新订阅数的百分比增长了两位数，有读者表示，最近订阅《纽约时报》的理由并不是喜欢看这家报纸，而是想支持这些真正的媒体和真正做事的记者。用户的行动就是一种信任和支持。美国的媒体也纷纷表示要努力报道真相，绝不会屈服。

上任一个多月以来特朗普过得并不顺心，虽然他在履行竞选时期的很多许诺，但至少有两件事是无可争议的挫败：一个是他发布的7国旅游禁令被法庭推翻，被讥讽为“政令不出白宫”；另一个是才任命20来天的国家安全顾问弗林因涉嫌“通俄”被迫离职。

2月9日，《华盛顿邮报》再次抛出重磅炸弹，称弗林在12月的通话中不仅谈到制裁，还暗示特朗普上台后美国会暂停对俄制裁。这似乎“坐实”了弗林向俄罗斯通气的消息，也让不少政治对手抓住把柄死死不放，弗林被迫辞职。此外，《纽约时报》、CNN继续联手报道特朗普竞选团队与俄罗斯的频繁接触，这个调查报道团队由迈克·施密特（Mike Schmidt）领衔，他是希拉里在办公室使用私人服务器的揭露者。

打击泄密与媒体，正好还可以防止其团队新的负面新闻产生，所以，“主流媒体”就理所当然成为特朗普现在树立的“头号敌人”了。美国政治新闻网站Politico的创始人之一吉米·范德海（Jim VandeHei）等撰写的《媒体就是反对党》一文说，特朗普总统声称传统媒体是比民主党更强大、更高效的反对党。到目前为止，他无疑是正确的。大选失利的民主党人正处于弱势，也阻挡不了他任命官员，民主党人很少发声了，起不到监督作用。目前，媒体就是最大的反对党。无论是竞选期间，还是就职后，媒体立场鲜明地反对特朗普，合法地揭发政府丑闻和失误，记者们变得更加好战。

哈佛、耶鲁法学院院长联名撰文指出，“现在，特朗普攻击一切质疑他的人，这里面包括参议员、科学家、公民团体、媒体以及民主党”，“我们必须挺身而出，满腔热血、全心全意地为之斗争。没有法治，我们‘所谓的’总统也许实际上是个暴君。归根结底，这一抉择不仅仅关乎特朗普。它更关乎我们自己”。媒体何尝不是这样呢？

普京“灰色手段”设置国际议程的由来

一、“灰色手段”设置国际议程发端于美国媒体

关于普京“图谋”使用“灰色手段”来设置国际议程的报道，发端于《纽约时报》。2017 年，一年一度的美国普利策奖于 4 月 10 日揭晓，发“假新闻”的《华盛顿邮报》因持续的政治报道以及对特朗普慈善事业的质疑，获“国内报道奖”。过去一年中，关于干预大选的传言，俄罗斯是整个美国最关心的国家。不出意料，“国际报道奖”颁发给了正在“衰败”的《纽约时报》。《纽约时报》是因为一组文章获奖，评委们给出的理由是：“《纽约时报》成功报道和揭露了弗拉基米尔·普京为了扩大俄罗斯在国际上的影响力，不惜采用网络干扰、操纵黑客、暗杀、指控对手等灰色手段进行议程设置。”

有着新闻界的诺贝尔奖称誉的普利策奖，代表着美国新闻界的最高荣誉，随着影响力扩散，它也逐步变成了一个全球性的奖项，成为全球新闻业的“标杆”。它以负面题材、调查报道为主，对现实和舆论具有较高大影响力。普利策奖的获得难度堪比奥斯卡奖。评委多来自传统报社、通讯社以及学术界。1917 年第一届“普利策奖”正式颁布，沿袭至今，已经有了百年历史。

《纽约时报》这组获奖报道一共有 10 篇文章，获奖者就是《纽约时报》的全体记者们。《纽约时报》的这些获奖文章揭露了普京利用互联网技术等各种“灰色”手段进行议程设置，其手段包括：支持网络喷子大军、水军；将假新闻作为强大武器打击对手；利用黑客入侵民主党来干涉美国大选；雇用

专家进行网络信息战；政治暗杀；指控对手；等等。

如果正如《纽约时报》所言，普京使用“灰色手段”设置国际议程，那么，所设置的国际议程有哪些？就近而言，2016 年，相对来说世界政治议题就是英国脱欧公投和美国大选、欧洲选举等。难道英国脱欧公投结果、特朗普当选美国总统、欧洲选举等，普京脱不了干系？“妄图”扩大俄罗斯的国际影响力，不惜使用一切手段设置国际议程，就能操控、影响其他国家？议程设置威力如此强大？

二、源于美国的议程设置

美国是现代新闻传播的鼻祖，它建立了“实效传播学”体系，议程设置理论是指大众传播媒介影响社会的重要方式，也是美国建立的“实效传播学”体系重要的组成部分。其观点主要来自政治学，1922 年，李普曼的《舆论》最早提出该思想，也被认为是传播学领域的奠基之作。

“二战”后，世界进入了冷战时期。“二战”后兴起的大众传播学是为了满足冷战的需要，美国政府部门、军方、情报机构和重要的基金会组织通过各种渠道推动传播学者们从事说服技巧、民意测量、政治与军事动员、意识形态宣传等课题的研究。

强大的议程设置能力来源于对“议题”的报道、突出强调及优先顺序等。那么，常说的“议题”是什么？议题应该是重大问题，突出问题，优先要解决的问题。英文单词中，议题用的是 issue（一般指社会、政治、经济等方面的大问题），而议程 agenda 就是谋略或战略实施的方案和步骤，设置就是要执行和落实这些方案。

虽然议程设置理论的提出与大众传媒发展及其影响有关系，但是，媒体层面的议程设置对社会、对政治、对世界的影响还是有限的。其实，有国家就有国际议程，在主要靠武力征服的时代，国家间的议题往往是有争议性的问题或利益，影响力、话语权和意志传递的作用没有那么明显。在不靠武力争斗的时代，谁来设置议程，怎么设置，如何维护本国利益，那就是一个大谋略，也是国家层面的战略了。正如，《孙子兵法·谋攻》所言：上兵伐谋，其次伐交，其次伐兵，其下攻城。

“二战”后，随着传播技术的进步，全球传播逐渐成为现实，媒体对国际政治的影响作用愈加显著，尤其是在信息全球化时代，在一定程度上，“信息就是权力，形象就是力量”。“媒介既可以为本国公众也可以为外国公众提供信息，制造公众情绪和公众压力，还能对本国和外国公众与社会精英发起社会动员或政治动员进而影响国家外交决策和国际政治。”这就是议程设置带来的效应和影响。

不论是议题，还是命题或问题，都关系到国家战略层面，国家利益永远是第一位的。解决和落实的路径要靠议程设置，议程设置的手段有时候是明显的，有时候是隐蔽的，用美国媒体的话语来说就是正当的或灰色的。具有讽刺意味的是，传播学的的确确是冷战的产物，无论议程设置手段是正当的还是灰色的，都是要争取对别国具有影响力和渗透力。

三、冷战，美国用“正当手段”设置国际议程

当今世界风云变幻，近百年的世界东西方对峙，都是强国在引领及表达其意志。国际议程的设置也是由它们设定的，尤其是美国。

源于美国的议程设置理论，不仅在研究方面获得成功，在应用方面也是高人一筹，最主要的是为了引导世界而设置议程。“二战”以来，美国“大哥大”地位夯实，可谓是指点江山，为其独大。例如，冷战时期的“和平演变”就是以美国为代表的西方最大的议程设置。

“二战”后，东西方进入冷战对峙阶段，冷就是不见血，冷就是不动枪和炮，冷战就是舆论战，意识形态渗透战，没有硝烟的暗战，或民心、民意争夺战。冷战期间双方更较劲、更紧张，潜在的威胁更大，所谓明枪易躲，暗箭难防。所以，以美国为主的西方国家，搁置了军事手段，实施了“和平演变”的战略手段，议程设置的执行者之一就是媒体。

曾于 1953 年至 1961 年任美国中央情报局局长的艾伦·杜勒斯，在美国

国际关系委员会上大声说:“我们将倾其所有，拿出所有的黄金，全部物质力量，把人们塑造成我们需要的样子，让他们听我们的。”杜勒斯的“谋略”被肯尼迪概括为“和平演变”，以后的美国总统都是在按这个议程设置实施“和平演变”，直到苏联于1991年12月25日彻底解体，成为西方国家实现“和平演变”战略阶段性胜利的压轴大戏。

传统大众媒体及新媒体在此战略中被赋予了十分重要的地位，议程设置这个概念虽然起源于新闻传播研究，但是在国际议程设置中，传播媒体只是在为国家设置好的议程服务的，这也验证了政治就是传播，传播就是政治、就是意志通达，抵达就是要“攻心”。

在冷战期间，以美国为首的西方国家建立了一套专门针对社会主义国家的无线电台之国际传播媒体阵容，在“和平演变”中发挥其作用：维护西方国家的利益、塑造西方国家良好的形象、推销西方民主价值、影响西方外交政策等。在东欧剧变、苏联解体的整个过程中，西方媒体功不可没。1985年戈尔巴乔夫成为苏联共产党中央总书记之后，他在苏联倡导的公开性、言论自由、全面民主化，为西方媒体推销西方国家的民主价值大开方便之门。1987年5月，苏联停止了对美国之音以及其他反苏广播电台的干扰。戈尔巴乔夫的媒体解禁政策为西方媒体打开了大门。

“二战”后，美国是世界超级大国，拥有绝对的话语权和霸权，挥动着大旗，几十年间，成功导演了东欧剧变、苏联解体、“颜色革命”等国际大戏。冷战结束后，美国依然霸气十足，以反恐等为由，发起了海湾战争、科索沃战争、伊拉克战争、阿富汗战争。

纵观操纵媒体的舆论战、信息战或实施设置好的议程，以美国为主的西方国家确实把国际政治由美苏争霸的冷战格局演变为美国独霸世界的格局，从根本上维护了以美国为首的西方国家的最高利益。利用各种传媒，宣扬西方的价值观念，进行意识形态渗透。

诺姆·乔姆斯基（Noam Chomsky）等撰写的著作《制造共识：大众传媒的政治经济学》说得很明白，美国主流媒体在报道国际事件中如何统一口径，通过“制造共识”使美国外交政策合法化。可以说，美国独霸世界，拥有绝对话语权，媒体绝对功不可没。

可以推测，按照美国媒体的标准，美国是使用了“正当的、正面的”手段设置国际议程，而为了扩大俄罗斯的影响力，普京使用的是不正当的“灰色”手段。

“灰色手段”
——普京的国际议程设置新策略

一、“灰色手段”与国际议程设置

《纽约时报》因为一组文章揭露了普京使用“灰色手段”进行议程设置来扩大俄罗斯在国际上的影响力而获普利策奖。议程设置起源于美国，相对于普京的“灰色手段”，冷战时期美国使用“正当手段”设置国际议程，来扩大美国的话语权及其影响力。

（一）“灰色手段”一词发端于美国媒体

关于普京“图谋”使用“灰色手段”来设置国际议程的报道，发端于《纽约时报》。在美国大选中，传言俄罗斯干预大选，俄罗斯是整个美国最关心的国家。不出意料，2017 年普利策“国际报道奖”颁发给了正在“衰败”的《纽约时报》。《纽约时报》因为一组和普京有关的文章获奖，评委们给出的理由是：“《纽约时报》成功报道和揭露了弗拉基米尔·普京为了扩大俄罗斯在国际上的影响力，不惜采用网络干扰、操纵黑客、暗杀、指控对手等灰色手段进行议程设置。”[①]

---

① 2017 Pulitzer Prizes [EB/OL].(2017-04-10) [2017-11-16]. https://www.pulitzer.org/prize-winners-by-year/2017.

有着新闻界诺贝尔奖称誉的普利策奖，代表着美国新闻界的最高荣誉，随着影响力扩散，它也逐步变成了一个全球性奖项，成为全球新闻业的“标杆”。普利策奖重视负面题材、调查报道，对现实和舆论具有较大影响力。普利策奖的获得难度堪比奥斯卡奖。评委多来自传统报社、通讯社以及学术界。1917 年第一届普利策奖正式颁布，沿袭至今，已经有了百年历史。

《纽约时报》关于普京的获奖报道中有 10 篇文章，获奖者是《纽约时报》全体记者们。《纽约时报》的这些获奖文章揭露了当今国际社会利用互联网技术等“灰色手段”进行议程设置，报道了普京的“灰色”议程设置手段包括：支持网络喷子大军、水军；用假新闻作为强大武器打击对手；利用黑客入侵民主党来干涉美国大选；雇用专家进行网络信息战；政治暗杀；指控对手；等等。

（二）冷战时期，美国使用“正当手段”设置国际议程

美国是现代新闻传播的鼻祖，它建立了“实效传播学”体系。议程设置理论是大众传播媒介影响社会的重要方式，也是美国建立的“实效传播学”体系重要的组成部分，其观点主要来自政治学。1922 年，李普曼的《舆论》最早提出该思想，也被认为是传播学领域的奠基之作。

随着传播技术的进步，全球传播逐渐成为现实，媒体对国际政治的影响作用愈加显著，尤其是在信息全球化时代，在一定程度上，“信息就是权力，形象就是力量”①。“媒介既可以为本国公众也可以为外国公众提供信息，制造公众情绪和公众压力，还能对本国和外国公众及社会精英发起社会动员或政治动员进而影响国家外交决策与国际政治。”② 这就是议程设置带来的效应和影响。

当今世界风云变幻，近百年东西方对峙，都是强国在引领及表达其意志。国际议程也是由它们设置的，其中最有名和最有成效的应该属于美国。冷战

---

① 李希光，周庆安．软力量与全球传播［M］. 北京：清华大学出版社，2005：30.

② 李希光．现代媒体的力量与危险［M］// 李希光，赵心树．媒体的力量．广州：南方日报出版社，2002：1–20.

时期的“和平演变”就是以美国为代表的西方最大的议程设置。

“二战”后，东西方进入冷战对峙阶段，冷战就是舆论战、意识形态渗透战、没有硝烟的暗战，或民心、民意争夺战。以美国为主的西方国家，搁置军事手段，实施了“和平演变”的战略手段，议程设置的执行者之一就是媒体。传统的大众媒体及新媒体等在此战略中被赋予了十分重要的地位，议程设置这个概念虽然起源于新闻传播研究，但是在国际议程设置中，传播媒体只是在为国家设置好的议程服务，这也验证了政治就是传播，传播就是政治、就是意志通达，抵达就是要“攻心”。

在冷战期间，以美国为首的西方国家建立了一套专门针对社会主义国家的无线电台之国际传播媒体阵容，在“和平演变”中发挥其作用：维护西方国家的利益、塑造西方国家良好的形象、推销西方民主价值、影响西方外交政策等。在东欧剧变、苏联解体的整个过程中，西方媒体功不可没。1985 年戈尔巴乔夫成为苏联共产党中央总书记之后，他在苏联倡导的公开性、言论自由、全面民主化，为西方媒体推销西方国家的民主价值大开方便之门。1987 年 5 月，苏联停止了对反苏广播电台的干扰。[①] 媒体在其中的作用很大，戈尔巴乔夫的媒体解禁政策为西方媒体打开了抵达的大门。

纵观操纵媒体的舆论战、信息战或实施设置好的议程，归根结底还是以美国为主导的西方国家为了维护其根本利益，利用各种传媒，宣扬西方价值观念，进行意识形态渗透，并使用这些议程设置手段影响国际政治格局，把冷战时期的美苏争霸状态变为美国独霸世界的模式。

诺姆·乔姆斯基（Noam Chomsky）等撰写的著作《制造共识：大众传媒的政治经济学》说得很明白，美国主流媒体在报道国际事件中如何统一口径，通过“制造共识”使美国外交政策合法化。[②] 可以说，美国独霸世界，拥有绝对话语权，媒体绝对功不可没。可以推测，按照美国媒体的标准，美国是

---

① 刘文科．西方媒体在二战后国际政治变革中的角色分析［J］．河南师范大学学报（哲学社会科学版），2017（2）：96-102.

② 赫尔曼，乔姆斯基．制造共识：大众传媒的政治经济学［M］．邵松红，译．北京：北京大学出版社，2011.

使用了“正当的、正面的”手段来设置国际议程；为了扩大俄罗斯的影响力，普京使用的是不正当的“灰色”手段。

二、普京的国际议程设置：“灰色手段”

在纷繁复杂的国际社会，国际议程不是哪个人、哪个国家能轻易设置的，国际议程的设置能力是一国在国际社会进行权力博弈的实力和能力的体现。国际议程设置的主体是国家，而《纽约时报》认为普京使用灰色手段设置国际议程，表明了《纽约时报》对普京个人能力和影响力的认可。普京从国家领导人，到世界有影响力的强国领导人，个人领袖形象也是一步步塑造起来的。

（一）普京的崛起

2000 年，普京正式接掌总统大权。近 20 年来，他不仅在国内以较高的民众支持率先后赢得三次大选，还带领着俄罗斯重回国际舞台中心。正如他向民众所承诺的那样，“给我 20 年，还你一个强大的俄罗斯”。十多年来，无论是政治、经济还是社会领域，普京在治理国家的实践中取得了显著的效果。普京为了维护俄罗斯权益，在国际上积极参与国际事件，与有影响力的国家进行博弈，不仅给俄罗斯人带来信心与利益，也重新塑造了俄罗斯对外强大的国家形象。

普京的崛起除了他的超凡能力，其设置议程的技巧也有四两拨千斤之功效。普京的亲信和智囊团及政治公关团队进行了一系列精巧的议程设置，化被动为主动，在国际舆论战中抢先占据道德制高点，团队深谙政治相关议题的处理之道，在政治传播中占有重要的一席之地。他们大大地提升了普京的领袖形象，通过对新闻报道进行把握，设定整体基调并影响社会及国际舆论，平衡普京与各方之间的关系，利用国家媒体有效维护普京在政治舞台上的领导地位，按其所需塑造形象。他们甚至利用西方国家的传播规则及国际上著名的公关公司进行媒体公关，进一步维护俄罗斯的国际形象。

政治就是传播，传播就是政治，普京凭借其具有高超传播能力的团队巧妙利用议程设置影响政治格局。他在国内外的每一次公开亮相都是经团队精心谋划的，除了吸引各大媒体竞相报道，其团队更是通过主动出击，利用新闻报道制造对自己有利的国际舆论。强硬的作风和犀利的言辞就是普京形象最大的特点，其领袖形象引发了全球关注。普京执政之初就说过，“俄罗斯唯一现实的选择是选择做强国，做强大而自信的国家”。

在西方世界中，普京的形象也在发生变化。普京刚刚上台时，对美国来说，他是能和小布什深入交流并得到其认可的可靠的“伙伴和对话者”；对欧洲来说，普京也是寻求积极融入的“欧洲派”。

形象的塑造是为了更好谋求国家利益，也是对权威的最大维护。2012 年普京重新掌权的时候，他向民众宣扬北约和美国会对国家安全造成威胁从而使俄罗斯远离西方国家，并开始加强俄罗斯的军事现代化建设。俄罗斯采取了一系列行动：吞并克里米亚、支持乌克兰东部的亲俄分离主义分子、对叙利亚进行军事干预以及在波罗的海和黑海地区驻扎越来越多的武装力量。

此后，普京逐渐转变为不受欢迎的甚至是企图恢复“苏联”的“暴君”“秩序挑战者”和“专制统治者”。普京的崛起塑造了俄罗斯的领袖形象，他的崛起也得益于失序时代他先声夺人，积极抢占国际话语权，得益于他作风强硬、行动果断。所以，他的一言一行都影响了世界的风向。

普京的崛起与其形象的塑造与传播是同步的。显而易见，俄罗斯在国际上的话语权及在国际上的各种行动，着实让西方国家有些紧张和局促。

（二）“完美武器”与“算计宣传”

众多美国媒体和学者认为普京操控了美国大选，目前看来，普京使用“灰色手段”设置议程是美国媒体的说法，具体用什么方式来设置，各方的说法不一，《纽约时报》说俄罗斯使用了“完美武器”，而牛津大学的学者说俄罗斯使用了“算计宣传”。

《纽约时报》在 2016 年 12 月 13 日有一篇标题为《完美武器：俄罗斯网

络大军是如何入侵美国的》[①] 文章指出，虽然没有办法确定黑客攻击的全部影响，但很显然，俄罗斯在乌克兰和欧洲的选举中尝试过的低成本、高冲击力武器也已在美国使用，且具有破坏性。对于俄罗斯而言，由于经济疲软以及核武库在没有发生全面战争时无法利用，网络资源在此时是完美的武器，其成本低廉并难以预见和追踪。文章还说，俄罗斯的黑客入侵美国民主党全国委员会的计算机网络，窃取私人邮件和机密文件，蓄意颠覆美国民主，挑选总统大选的获胜者。普京要分裂美国，破坏美国民主，操控信息，挫败人们的信心。

根据 2017 年 6 月 23 日《泰晤士报》的报道，“完美武器”也用于对付英国。[②] 俄罗斯黑客在网上售卖数万名英国政府官员的邮箱及密码，其中包括教育大臣及商业大臣在内的政府内阁成员、驻外大使及高级警官。报道还称，1000 多名英国议员及议会工作人员、7000 名警务人员及 1000 多名外交部雇员的邮箱登录资料也已外泄。

牛津大学互联网研究院的教授菲尔·霍华德（Phil Howard）的计算宣传研究团队，发表了一篇名为《互联网上，没有人知道你是一个俄罗斯聊天机器人》[③] 的文章。文章指出，现在的数字媒体生态系统混乱而邪恶，政治聊天机器人是这一系统的一部分，也是“算计”宣传的一部分。这些政治聊天机器人的身份是社交媒体，能使用自动生成的脚本快速或有倾向性地传播内容，迅速成为在线政治的一个重要部分，它们模糊了政治营销、算法操作和宣传之间的界限。这些聊天机器人特别容易安装，而且，现有技术根本无法辨清俄罗斯亲特朗普机器人和美国亲特朗普机器人的关系，也无法去安装和追查控制这些机器人的幕后操纵者。所以，政治聊天机器人的低廉、低风险性吸

---

① LIPTON E，et al. The perfect weapon：how Russian cyberpower invaded the U. S.［N］. The New York Times，2016-12-13.

② GODDARD L. Russian hackers trade haul of stolen data，Ministers'email addresses and passwords up for sale［N］. The Times，2017-06-23.

③ GORWA R，HOWARD P. On the internet，nobody knows that you're a russian bot［EB/OL］.（2017-03-20）［2017-11-16］. https://www. cfr. org/blog/internet-nobody-knows-youre-russian-bot.

引着被国家或非国家操纵的行动者。

由此可见，互联网时代，不论是《纽约时报》《泰晤士报》，还是西方学者与西方主流社会，都在固守传统媒体的思维即冷战思维，难以改变。其实，互联网时代，新媒体（武器）应用已经在改变这个世界了。

三、“灰色手段”对国际政治的影响

正如《孙子兵法·谋攻》所言：上兵伐谋，其次伐交，其次伐兵，其下攻城。在和平年代，如果有什么议题或谋略不用靠武力来取胜，那么谁来设置议程，怎么设置，如何有利于本国利益，就是一个大谋略，也是国家层面的战略。近年来，随着政治经济一体化的加速，国际政治事件对全球的影响力日益增强，国际议程设置对于国际政治的影响日益凸显。

（一）美媒：普京通过“灰色手段”干扰美国大选

近年来，西方社会风起云涌，“黑天鹅事件”频发，冲击着资本主义主流价值观。最受世界关注的议题自然是选举。在全球经济一体化的当今，英国脱欧公投、美国大选，不仅是英国人、美国人的大事，也是世界的大事，是各国关注的头条新闻和关心的议题。英国脱欧公投结果、美国特朗普当选总统等似乎和西方精英建制派的期待有些距离。西方主要国家的政党之所以这两年频频遭遇选举失利，当然有很多的政治、经济、社会发展等方面的原因。根据《世界是平的》一书作者托马斯·弗里德曼的分析，原因在于：西方选举是为解决工业革命、早期信息革命、种族及性别平权等问题而设计的。[①] 目前互联网时代的信息革命，一切趋向数字化、全球化，面对当今各种复杂问题，西方政党很难左右和把控了。

可是，特朗普当选美国总统的结果出来后，美国媒体热闹非凡，《俄罗斯

---

① 弗里德曼．世界是平的［M］．何帆，肖莹莹，郝正非，译．长沙：湖南科学技术出版社，2006：15.

干扰了大选！》《特朗普"通俄门"》《普京与美大选黑客入侵事件有关》《普京"亲自指示"黑客干预美国大选》等成为各大媒体的标题。2017 年 8 月 28 日美国网络杂志 *Salon* 有一篇文章标题就是:《我们一定要让特朗普当选》，文章揭示出相关电子邮件内容显示特朗普在竞选期间与俄罗斯有染。当然，普京也回应"通俄门"：干预大选无意义，美媒是否已失去理智？普京还说，"通俄"一定是美国政治出现了问题，而不是俄罗斯。普京在接受娱乐时间（Showtime）的电视网采访中向导演奥利弗·斯通表示，有关"俄罗斯干涉美国大选"的言论纯属谣言，这破坏了唐纳德·特朗普先生当选总统的合法性，同时也成为两国外交关系恶化的诱因。[①]

不仅仅是媒体有此猜测和报道，一些美国高级官员及学者也认同此意见。新任美国驻俄大使洪博培在 2017 年的一次讲话中说俄罗斯干涉 2016 年美国大选。前白宫副安全顾问本杰明·罗兹（Benjamin Rhodes）认为，奥巴马政府确信普京已经进入了"超越他所认为的影响范围的进攻模式"，目的是破坏和动摇欧盟和北约的整体性和稳定性，并对美国造成威胁。罗兹说，"我们现在所处的新阶段是俄罗斯已经采取了威胁国际秩序的进攻姿态"。在澳大利亚进行安全会谈的同时，参议员约翰·麦凯恩说，俄罗斯总统普京是"最严重和最致命的威胁，比 ISIS 更严重"。前美国驻联合国大使萨曼莎·鲍沃尔（Samantha Power）也曾表示需要警惕俄罗斯对于 70 多年来有利于美国的秩序的破坏。2017 年 5 月 2 日在哈佛肯尼迪政府学院开了一个研讨会，主题是"论俄罗斯情报机构带来的教训"，专家们认为俄罗斯帮助特朗普获胜。[②]

美国的情报机构认为俄罗斯在美国大选期间对希拉里的竞选团队进行了网络攻击并窃取了文件，从而助力特朗普成功。普京成为众矢之的，他被认为不仅利用间谍活动干扰美国大选，还刻意抉择总统大选的获胜者来破坏美

---

① 朱佩．普京：有关"俄罗斯垮台"的言论是痴人说梦 [EB/OL].(2017-06-14) [2017-11-16]. http://world. huanqiu. com/exclusive/2017-06/10839488. html.

② PAZZANESE C. The lessons on Russian intelligence [EB/OL]. (2017-05-03) [2017-11-16]. https://news. harvard. edu/gazette/story/2017/05/former-officials-see-russian-effort-to-disrupt-election/.

国民主。不过目前仍不确定特朗普的竞选团队和俄罗斯是否有联系。

不论是议题还是命题或问题，只要关系到国家战略层面，国家利益就永远是第一位的。解决和落实的路径要靠议程设置，议程设置的手段有时候是明显的，有时候是隐蔽的。传播学的的确确是冷战的产物，无论议程设置手段是正当的还是灰色的，都要争取对别国具有影响力和渗透力。

不管西方媒体说网络黑客攻击是“完美武器”，还是算法操纵的“计算宣传”，它们都是利用信息操控来影响或干预其他国家，其本质与冷战时期传统媒体时代的宣传异曲同工。

（二）国际议程设置新战场：社交媒体

国际舆论战已经从广播、电视、出版物转向网络，统称为信息战或新媒体战。美国皮尤调查公司的最新统计数据显示，当前美国约有九成（93%）的成年人通过网络（手机或电脑）获取新闻信息，网络空间成为传统媒体和网络原生媒体共同的信息发布渠道。各科技巨头公司如脸书，在新闻和数字行业中都扮演着非常重要的角色。

信息越来越重要，信息的导向尤其重要。信息导向包括舆论导向、传播策略、议程设置等。信息分发、信息传递的操作已经成为各国争夺影响力的重拳。通过信息传递实施颠覆、间谍、宣传和网络攻击行为，就能改变敌方的政治和社会状况，这种非军事化的手段杀人不用刀，却是血淋淋的。原本稳定、繁荣的国家被外国信息攻击之后，在几天内就可能变成冲突与战争的旋涡而陷入危机。由此可见，新媒体、新武器带来的是整个世界的进一步失序，新战场将产生什么，人们是无法估量的。科技因素、科技优势正在产生多方面的政治意义。

斯坦福大学的法律教授纳撒尼尔·佩尔西利（Nathaniel Persily）写了一篇文章:《民主能否逃过互联网之劫？》[①]，他认为，互联网的得势，也加速了

---

① PERSILY N. The 2016 US election: can democracy survive the internet? [J]. Journal of Democracy, 2017, 28 (2): 63-76.

那些曾在竞选活动中扮演调解角色的机构的衰败。不论是传统媒体还是老牌政党，都没能成功行使他们以往的裁判权力，尤其是在帮助人们识别信息的真实有效性这方面。即便排除俄罗斯人，2016 年的美国竞选活动，比起过去由电视节目和传统刊物作为主导媒体的时代，也凸显出了如今的政治选举在很大程度是在完全不同的地域（地缘）上进行的。佩尔西利认为，2016 年的选举打破了以往的既定规则，并模糊了“内部人士和局外人之间、免费媒体和广告之间、媒体和非媒体之间、传统媒体和新媒体之间、新闻和娱乐之间甚至是国内和国外的竞选沟通渠道之间”的边界。

在 2016 年的竞选活动期间，聊天机器人在政治宣传和虚假新闻传播中的使用率达到了新高。一项研究发现，从 2016 年 9 月 16 日至 10 月 21 日，在所有关于即将到来的大选的推文中，聊天机器人发送的推文占了大约 1/5。在 3 次总统辩论期间，支持特朗普的推特机器人程序发送的推文数量大约是支持希拉里的 4 倍。尤其是在最后一次辩论期间，这个数字上升到了 7 倍。然而，互联网的这些现象显示新媒体增强了对政治活动的扰乱和损害。佩尔西利说，其中一点就是信息的传播速度，即包括虚假新闻在内的所有新闻的传播、扩散以及人们消化它们的速度。病毒式的交流能够导致政治运动和民主国家内部机能失常。在接受采访时，佩尔西利说：“我认为（俄罗斯干涉大选）眼下确实是一个吸引眼球的话题，也能理解大家对此的关注，但真正的问题要来得更加严重。”

互联网信息中的中国对外传播探思

大外宣该向李子柒学什么？

根据新榜的采访资料，李子柒出生于 1990 年，6 岁时父亲去世后她便与爷爷奶奶相依为命。她生活在绵阳农村，打小就和爷爷一起做木工，陪奶奶一起做饭，庄稼成熟时便下地干活。后来她外出打工，做过各种各样的工作。如果不是奶奶病重，她放弃了城里的工作，她也许就是千千万万普通打工仔、打工妹中的一个。但回到乡下后，为了网店的流量，李子柒自导自演的古风美视频意外地火了，引发了几百万全球粉丝的追捧。（见图 1）

图 1　李子柒种植水稻

截至 2019 年 12 月 5 日，李子柒在境外视频平台上的粉丝数是 735 万，这个粉丝数超过了很多境外大媒体，而且几乎李子柒的每一个视频，播放量都在 500 万以上。

她入驻 YouTue 两年，只发了 104 个视频，就收获了 740 万粉丝。（见图 2）

图 2　李子柒的 YouTube 主页

大家比较一下下面的媒体视频数和粉丝量。

BBC 发了 10,750 个视频，只有 559 万粉丝；CNN 发了 146,882 个视频，只有 794 万粉丝。（见图 3）

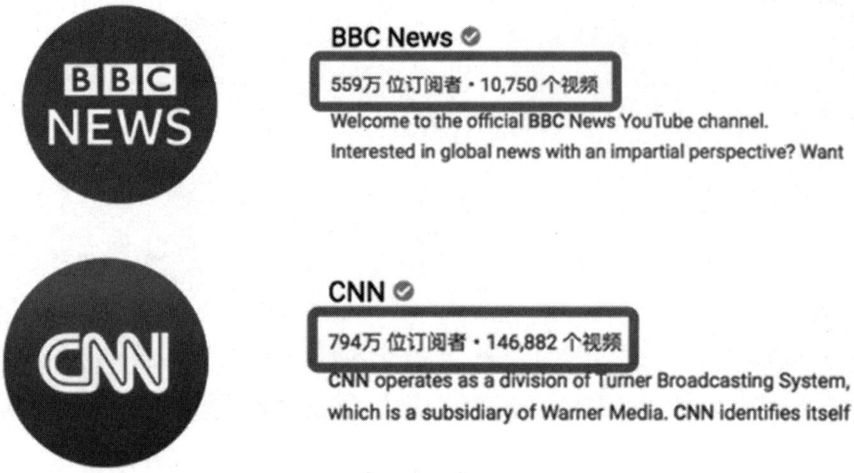

图 3　BBC、CNN 的 YouTube 主页

再看看我们的 CCTV 呢？大家一看便知。（见图 4）

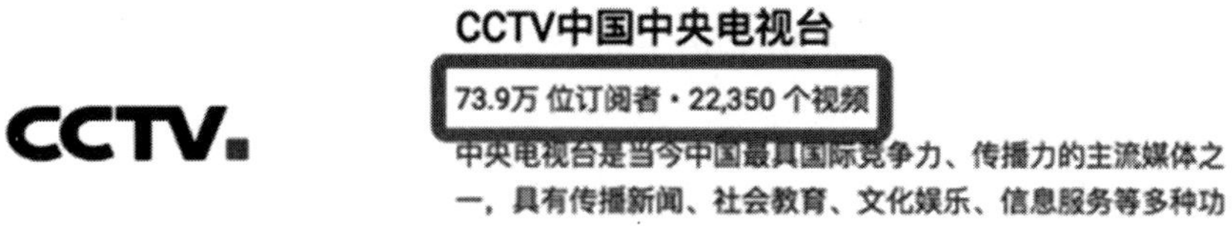

图 4　CCTV 中国中央电视台的 YouTube 主页

中国的形象有千千万万，现实中的中国、历史书卷中的中国、影视里的中国、媒体中的中国、专家眼里的中国、外国友人眼里的中国，那么，李子柒传播的是哪一个中国？

李子柒传播的中国是田园风光和农耕文化的形象，是人人都羡慕的生活方式，这里的“人人”指的是看过她的视频的互联网用户。她的视频之所以受到欢迎，是因为她创造了大家都喜欢的画面和意境。她是传播中国的民间使者之一。（见图 5）

图 5　李子柒打理花草

社交媒体的特点就是人人可使用，并不因为她 14 岁辍学就不该用得好，她并没有代表谁，她就是她自己，几十亿网民中的一个。

互联网时代，谁都可以出其不意地进行传播。地球村里常常会去国家化，她并没有说中国多好，但是她做每个视频时都倾注了自己的心血，投入了自己最真实的情感，让观众都感受到中国文化的美。

她追求的是一种纯自然的风格，采菊东篱下，悠然见南山，这何尝不是每个人内心的追求?

往往是个人投入全身心去传播，就会取得意想不到的效果。奥巴马被称为互联网总统，两次成为《时代周刊》的封面人物。竞选的时候，少数民族裔制作的竞选视频不仅影响力大，还通过小规模集资获得了大量的资金。

李子柒通过视频传递心中的情愫，从她拍摄的质量来看，确实是像团队制作。由于技术应用的便捷，视频制作可以反复磨炼，可以精益求精。即使是团队制作，只要受欢迎，也是无可厚非的。(见图 6)

图 6　李子柒插花

有人说这是典型的文化输出，这种说法有一定的道理，但国外网民非常喜欢这种视频传递出来的意境和美好。

她不代表谁，只是代表她自己，但是她的视频绝对代表中国。她传播的是中国人的一种生活方式，一种能和其他国家网民产生共鸣的生活方式。

她是视频博主，看似无意，却是有心。大家看看她的视频主题：笔墨纸砚、乘坐高铁、田园风光、四季饮食、传统手工，还有田里农耕等，这就是当代中国的乡村生活。(见图 7)

图 7　李子柒打田

视频的画面里包含了千言万语，包含着诱人的吸引力。她的粉丝有伊朗的、美国的、俄罗斯的、菲律宾的、巴西的……视频里没有英文字幕，但那些看不懂中文、听不懂中国方言的外国粉丝，从来不吝于表达他们对李子柒的喜爱：一边看不懂一边看，一边求翻译一边看。（见图 8）

图 8　YouTube 网友评论

上面这个网友说：她是我最喜欢的博主，是一个大厨、艺术家、园艺家，我希望他们能加上英文字幕，我想知道她在说什么。

李子柒也一样，虽然她具体展现的不是务农生活的辛苦和琐碎，但她视频的核心内容，是中华民族的伟大创造力和坚韧不拔的精神。这让许多老外看了以后心生向往，发出感慨——“她的园子简直就是伊甸园”“中国真美

好”。（见图 9）

图 9　李子柒锯木料

她传播了中国高铁，在一期李子柒坐高铁去长白山采蜂蜜的视频下面，很多外国人自发给其他人介绍，这是中国的高速铁路，很厉害的。李子柒的视频让无数外国人对这样的中国生活心生向往。

在李子柒笔墨纸砚的视频下，外国人说：“她在重新向全世界介绍被我们忘记的那些中国文化、艺术和智慧。”“她正在告诉我们一个我们不了解的中国。”（见图 10）

图 10　YouTube 网友评论

美国人、德国人、日本人、韩国人、以色列人、俄罗斯人、沙特阿拉伯人等几十个不同国家的人，用几十种不同的语言，在她的视频下面一起夸她好，一起夸中国文化好。

李子柒视频展现的，恰恰是中华民族那些曾经影响世界许多年的文化，那些珍贵的精神内核正是讲好中国故事的绝佳代表。

我们需要更多的“李子柒”，从不同角度、不同侧面，向全世界展示一个既富有独特的传统文化内涵，又不断向现代化前行的丰富、多样、精彩的中国。

技术也是政治？TikTok 在美国的命运

一、中国公司和美国政府的博弈

为了顺利地为美国年轻人服务，字节跳动也是尽力了。

它依照美国的法律做了能做的一切，比如，把服务器放在美国；把备份放在新加坡；聘请美国团队管理 TikTok；与抖音不互通，不沿用中国大陆审查标准等。为了走出中国，字节跳动做了不少妥协。

即使这样，特朗普还是要封禁 TikTok。为什么？主要有两个直接原因，一是美国外国投资委员会（CFIUS）给了调查数据和建议，二是特朗普被放鸽子。

TikTok 是中国互联网公司字节跳动旗下的一款短视频社交应用软件，常被称为“抖音海外版”，近两年在包括美国在内的世界多国走红，广受青少年欢迎。

然而，自 2019 年以来，CFIUS 一直对 TikTok 进行调查，并对字节跳动 2017 年底以约 10 亿美元收购 Musical.ly 的交易发起了国际安全审查。

美国还质疑 TikTok 对儿童隐私保护不利、可能向中国分享美国用户数据以及平台内容存在审查尺度等问题。

尽管字节跳动一再强调自己是一家私营企业，一直坚持确保用户数据安全、平台中立性和透明度，并愿意采取更多技术方案来消除美方的顾虑（如重新搭建 TikTok 所有服务器包括中台系统，不再和中国国内复用）。

但是，CFIUS 在向特朗普提交的最终报告中认为，无论 TikTok 有何行动，都会对美国国家安全构成威胁，并建议由美资控制 TikTok。

而特朗普看 TikTok 不顺眼的原因是 2020 年 6 月在俄克拉何马州塔尔萨竞选集会的失利。

此前，特朗普的竞选团队宣称，共有 100 万人预定了当天的集会门票，但塔尔萨市消防局的官方数据显示，当天登记入场的仅有约 6200 人，这使得能容纳 2 万人的集会场地空空荡荡。

随后多家美国媒体爆料，“放特朗普鸽子”的活动大多是从 TikTok 上发起的，而 TikTok 上一些最知名的网红很多是通过对特朗普歇斯底里的嘲弄而成名的。

很明显，TikTok 正成为一股反特朗普的媒体新势力，年轻人声势浩大，声量惊人，在 YouTube 和脸书上看不到的真相，在这里都有。

如果任凭 TikTok 做大，特朗普不但不能再像 2016 年那样借新媒体给选民洗脑，反而会让选民更加清醒地认清他的本质。

据悉，当地时间 2020 年 6 月 30 日，美国总统特朗普在社交平台发文称：“2020 大选将是历史上最不准确和最具欺骗性的选举。这将使美国非常难堪。因此推迟选举，直到人们能够正确、安全地投票。”

在大选即将来临的敏感时刻，TikTok 在年轻人当中的火爆和持续走高的下载量，不得不让美国政治人物提防和打压。

想必每个人都知道社交平台特别是脸书和推特的影响力，2010 年 12 月的“阿拉伯革命”、2016 年的英国脱欧公投以及政治素人特朗普当选美国总统都充分说明了社交媒体巨大的政治影响力。

加州大学戴维斯分校的计算机学教授菲利普认为：“科学技术在本质上就是政治的。”

这次，抖音海外版 TikTok 遭遇“生死劫”，谁是幕后黑手？除了美国政府，同行也是冤家。2020 年 8 月 2 日，字节跳动发表声明，称面临着“竞争对手脸书的抄袭和抹黑”。

脸书还曾经污蔑中国，认为中国正在打造一个“基于自身视角的价值观（和美国截然不同）的互联网”，认为中国企业争相向其他国家输出这种价值观……

在 2020 年 7 月的反垄断国会听证会上，四大科技巨头中，只有扎克伯格言之凿凿：“我认为，中国从美国科技公司‘剽窃技术’证据确凿。”在扎克伯格看来，TikTok 做内容审查时“侵犯自由与开发”。

脸书随心所欲删除账号却是“维护爱与和平”，这就是扎克伯格的标准。

扎克伯格甚至开始鼓吹“中国威胁论”。他宣称自己发现了“中国试图干预美国 2020 年总统大选的迹象”。借政治杀人是扎克伯格打压对手的手段之一。

英国《卫报》曾经报道，在 2016 年美国大选中，特朗普的竞选团队使用大数据精准投放，影响了大量潜在选民。

《卫报》调查发现，一家名为剑桥分析（Cambridge Analytica）的企业为了能向这些用户精准地投放政治广告，在未获得用户授权的情况下，收集了脸书 5000 万用户的个人数据。

正是这些数据帮助特朗普赢得了大选。而这家公司的老板就是助力特朗普的班农。最关键的是，扎克伯格早就发现了这个系统漏洞，却对用户绝口不提，最终被媒体“锤爆”，他才站出来道歉。

二、国家安全与人民需求的博弈

特朗普政府对 TikTok 下狠手的决定，从酝酿到公开，速度极快。美国国务卿蓬佩奥接受福克斯新闻采访时说，特朗普政府正考虑封禁 TikTok。

蓬佩奥的说法很快得到特朗普确认。特朗普明确表态，最快将于 2020 年 8 月 1 日签署行政令，还称他不支持美国公司收购 TikTok 在美业务。

不过，特朗普的行政令尚没有下文，外界等来的是美国微软公司正在协商收购 TikTok 在美业务的消息。

8 月 2 日，微软声明说，将快速寻求与 TikTok 母公司北京字节跳动科技有限公司进行洽谈，并在 9 月 15 日之前完成洽谈，除了 TikTok 在美国业务，洽谈还将涉及 TikTok 在加拿大、澳大利亚和新西兰的业务。

微软表示，目前是初步商谈，在双方商谈有明确结果前，微软方面暂不透露更多消息。

8 月 3 日，特朗普在白宫举行的会议上表示，如果 9 月 15 日前无法完成与 TikTok 相关的收购案，TikTok 必须停止在美业务。特朗普还称，TikTok 必须由美国企业收购，而且美国财政部要从中“分一杯羹”。

在 CNN 采访中，特朗普的贸易顾问彼得·纳瓦罗先是用美国政客最爱用的政治套路抹黑了一把 TikTok，通过向美国的家长贩卖恐惧和焦虑情绪，造谣说 TikTok 会把他们孩子的数据拿给中国政府，让美国的年轻人被中国政府监控。

美国总统特朗普威胁封禁短视频社交软件 TikTok 的话音刚落，就在美国的“网红”和普通用户当中引起强烈反弹。

在 TikTok 平台上，# 拯救 TikTok# 词条的视频累计浏览量已经超过 8 亿。

作为一款新潮短视频社交软件，TikTok 深受年轻人青睐。据“感应塔”数据分析公司统计，TikTok 仅在美国的下载量就超过 1.65 亿次。要封 TikTok？美国年轻人不干了！

迈克尔·勒是一名搞笑博主，在 TikTok 有超过 3500 万粉丝。他很担心 TikTok 被禁，因此早早就发布视频呼吁粉丝发声表示反对。

勒介绍，TikTok 给了他展示才艺的平台，改变了他的人生和家庭境遇，同时让他为其他人带去欢乐，许多人发私信说，正是他的视频帮助他们渡过低谷。

“2020 年发生了如此多不幸，而 TikTok 一直都是带来正能量的平台。”勒感叹道。

美国智库战略与国际问题研究中心的文章说，疫情给正常生活按下暂停键，TikTok 的受欢迎度和影响力呈爆炸式增长。

8 月 2 日，多名 TikTok 大 V 联名致信特朗普，他们指出，很多年轻人追捧 TikTok，把 TikTok 视为积极和欢乐的空间，而非愤怒和敌意的来源，在社会两极分化愈发严重的美国，TikTok 是唯一能够对冲这种极化现象的社交媒体。

任何技术的发展都有一个缓冲、更新、纠错的过程。中国科技公司字节跳动的抖音海外版 TikTok 在美国却遭遇到美国政府不可思议的驱赶。

美国政府欲一棍子打死 TikTok，无非是中国公司的技术更优秀，更符合年轻人的爱好，特别是美国年轻人的爱好。这也是美国政府泛政治化的一种表现。

在政治系统对技术系统的作用中，我们应该坚决杜绝“泛政治化”现象。“泛政治化”倾向违背科学和理性精神。政治与科学虽然是相互作用的，但两者不能混淆，更不能用政治的权力去对技术上纲上线。

“泛政治化”往往过分扩大政治的空间，而挤占了经济、文化和社会生活的发展空间。当政治的空间被无限扩大之后，经济、文化和社会生活的发展空间自然也就无限地缩小了。

从 TikTok 平台出海看中国对外传播思路*

2017 年 5 月，抖音的姊妹版本 TikTok 在海外发行，在短短一年内覆盖全球 150 多个国家和地区，并在日本、泰国、印度尼西亚、德国、法国和俄罗斯等地，多次登上当地 App Store 或 Google Play 总榜的首位。[①] TikTok 出海并成为世界级互联网平台巨头中的一极，这有力打破了美国等西方国家在国际社交平台的长期垄断局面，TikTok 拥有强大的经济属性并带动文化传播，为我国对外传播事业带来了新出口。然而 TikTok 的强大传播效果使得我国长期以来对外传播的困境更为凸显。在 TikTok 面对的国际传播场域中，传者主体的多元格局如何形成、传播思维的新旧观念如何转型、形象话语的自我建构如何产生是当下亟须探讨的话题。

一、重塑格局：从 TikTok 平台出海认识媒介格局、跨境经济、形象认知新变化

（一）平台入场：TikTok 重塑全球数字传播领域新格局

TikTok 对于全球数字传播格局的重塑既体现在其成为首个跻身于国际互联网社交平台巨头的中国平台，又体现在其自身传播模式对传统信息流模式

---

* 本文由田智辉与史皓天合作完成，收入本书时略有删改。史皓天系中国传媒大学互联网信息研究院硕士研究生。

① 快讯 |TikTok 成为美国下载量最高应用 _ 投资界［EB/OL］.（2018-11-06）［2020-07-09］. https://news. pedaily. cn/201811/437459. shtml.

的颠覆上。因而，TikTok 通过入场海外既化身为一个能量巨大的传播渠道，同时又通过模式创新赋能内容，全新格局的塑造会为中国对外传播带来更多可能性。

1. TikTok 重塑全球数字传播平台格局

TikTok 借助“抖音”在国内积累的经验和资本，通过一系列收购、合并的国际化操作[①]，迅速成长崛起为国际互联网社交平台巨头。从 businessofapps 网站 2023 年 5 月发布的《TikTok 营收和使用统计数据（2023）》来看，TikTok 的全球用户已达到 16 亿。[②] 此外，TikTok 在 Google Play 应用商店中的下载量已超过 10 亿次，位列社交类应用排行榜第一名。在 TikTok“出海”之前，国际互联网社交平台呈现出一种明显的“美国垄断”现象，主要互联网社交平台基本来自美国，如脸书、推特、Instagram 等，而由中国本土公司字节跳动所研发的社交应用 TikTok 首次跻身于国际互联网社交平台巨头行列，这标志着美国社交媒体巨头全球市场霸权的终结，并表明中国互联网行业已崛起并且已进入全球竞争的新阶段，全球数字传播领域平台格局已悄然重塑，这同时意味着未来会有更多中国互联网平台进入国际视野。

2. TikTok 重塑全球数字传播内容格局

TikTok 的创新模式与当前数字时代用户的行为趋势密切相关。TikTok 创新的核心在于其独创和新颖的内容推荐算法与视频呈现形式，基于 AI 的推荐算法可以计算用户的兴趣并根据其兴趣进行内容推荐，以实现持续性占有用户注意力的目的。同时 TikTok 采用了全屏短视频的内容呈现形式，以及富有动感的音乐节奏、快速滑动的浏览方式，为用户提供了新颖有趣的社交体验，成功吸引了大量用户和内容创作者，而这与传统的图文流内容格局截然不同。以 TikTok 为代表的智能推荐算法应用的出海，意味着中国在内容分发策略上

---

① 宋建武，王一帆．探析中国互联网应用的国际化策略：以短视频平台“TikTok”为例［J］. 媒体融合新观察，2020（3）：26–31.

② IQBAL M. TikTok revenue and usage statistics（2023）［EB/OL］.（2022–05–03）［2022–06–01］. https://www.businessofapps. com/data/tik–tok–statistics/.

迎来新机。

（二）跨境经济：TikTok 跨境经济推动中国文化全球化

自古以来，世界各地区的经济互动必然会带动文化的传播，比如中国古代有千年历史的丝绸之路，从中原大地到西亚再到欧洲，中国的丝绸、瓷器、茶叶等物品乃至于中华文化传统儒道思想等纷纷传入西方。TikTok 当下已然逐渐成长为中国发展跨境电商的巨大平台，它既带动大量人员成为联通中外的贸易主体，又以全新的传播形式和巨大能量带动中国商品走向世界。

1. 以跨境电商为名，对外传播的贸易群体迅速扩张

TikTok 作为一款全球化的短视频社交软件，当下已经拥有庞大的用户基础和广泛的影响力。基于此，许多中国的跨境电商开始利用 TikTok 平台通过发布短视频来推广自有商品和品牌，比如中国著名时尚品牌 Shein 在 TikTok 已经拥有 690 万粉丝，再如完美日记、李宁等各类中国大小自有品牌纷纷入驻。除了一些知名品牌外，一些个体户也纷纷入驻 TikTok Shop 开展跨境电商业务，知名跨境电商服务平台“雨果跨境”发布的《2023 跨境电商行业全球趋势》指出，TikTok Shop 头部店铺尚未规模化，后续将会有极大的增长空间。未来在多方合力下将有大批中国商家入驻 TikTok Shop 开展跨境电商业务，将为我国以经贸为载体的对外传播带来新机。

2. 以中国商品为实，万物皆媒的物质主体涌向四海

早在 20 世纪 60 年代马歇尔·麦克卢汉在《理解媒介》中提出：“媒介即万物，万物皆媒介。”随着中国跨境电商的发展，大量中国商品通过短视频带货的方式卖出，这也将是中国对外传播的一个重要机遇，可以让更多人了解中国商品及其背后的文化理念等。如中国特色食品，麻辣烫调味料、火锅料、茶叶等；再如中国文化产品，剪纸、月饼、中药材等；再如中国科技产品，无人机、智能家居、智能手机等。目前 DJI 大疆已在 TikTok 上拥有 54 万粉丝，其作品也无不体现着中国的科技创新，诸如此类都在不断刷新着全球消费者对中国品牌和文化理念的认知。

（三）聆听异乡：TikTok 消弭西方对中国平台固有偏见

长期以来，西方媒体因政治经济利益和文化差异对中国的报道存在“他者想象”的偏见，它们的语境叙事所建构的中国并非真实立体的中国，而我国的一些官方媒体和文化机构的对外宣传工作举步维艰，面临着结构性困境，相应地在西方人眼里，中国的平台往往面临着政治偏见和安全担忧等问题，而 TikTok 出海则为打破这一西方刻板印象、重建对中国平台的认知带来新机。

1. 聆听中国平台心声

在 2023 年 3 月 23 日关于 TikTok 的听证会上，面对美国国会议员目中无人、来势汹汹，周受资保持谦逊、随机应变。听证会英文是 Hearing，其本意应是理性的探讨，而在这里却成了 Bashing（鞭打），面对美国国会议员的刁难与攻讦，周受资始终保持自信从容，巧用“弱传播”策略在国际社会受到广泛赞誉。这次听证会使得广大海外 TikTok 用户更加确信以 TikTok 为代表的中国出海平台数据安全与隐私保护的可信度。如在 TikTok 上有大量针对听证会二创的短视频内容，表达对 TikTok 的支持与信任以及对美国国会议员无理与蛮横的嘲讽。

2. 消弭长期刻板印象

TikTok 平台入海的运营策略以及近些年来尤其是最近这次与美国官方的互动，为 TikTok 的信誉与知名度带来了巨大的“正外部性”。一方面，它表明了 TikTok 并不涉及复杂的国际政治经济利益斗争，让用户相信 TikTok 是一个相对纯粹的娱乐平台，同时其通过透明化措施，回应了用户对于内容质量和安全的担忧，这为后续其他中国平台的出海带来了有力参考。另一方面，TikTok 等中国社交、电商平台在海外的顺利发展，使得越来越多外国人开始关注到中国，以及越来越多国人参与到跨境的经济文化交流之中。因而以 TikTok 为代表的当下新型媒介以其对话性、互动性，有助于弥合长期的文化差异与刻板偏见。

二、透见痼疾：从 TikTok 看对外传播的传者结构、传播观念、他者想象困境

中国长期以来的对外宣传工作面临着传播主体困境、传播观念困境与传播形象困境。TikTok 出海显然并没有改变此种长期结构性问题，甚至使得原有问题更为突出。但不可忽视的是 TikTok 出海带来了巨大的对外传播机遇，在此背景下我国更应重视对外传播中的长期根源性问题，以期借船出海、借梯登高。

（一）传播主体的传者结构困境

传播主体的传者结构困境主要体现在两个方面，一是传者主体的单一，二是传者缺乏联动。传者主体的单一致使自我形塑的片面化、缺乏立体性。传者联动的缺乏致使传播文本单一化、缺乏多样性。这些问题长期限制着中国对外传播的发展。

1. 传者主体的单一困境

一直以来我国对外传播的主体都是以中央主流媒体为主，其他各级媒体从官方乃至于民间都极少参与到国际传播工作中。而在当下，中国主要入驻国际社交平台的主流媒体又往往被平台方打上“中国官方”的显性标签。在西方的文化语境中，由于其特殊的政治结构，政府的宣传会涉及政治经济利益，因而政府的宣传往往被视为对自由思考和独立判断的限制，从而引起人们对其信息的反感甚至不满。如越战期间，美国政府通过杂志、广播、电影等多种方式进行大规模宣传以引导公众支持战争。然而因后续的各种媒体报道和士兵的亲身经历揭示了其战争的残酷与荒谬，公众开始质疑政府所传达的信息的真实性和可信度。这种质疑最终导致了美国历史上最具影响力的社会运动即反战运动的兴起[①]，此类案例不一而足。知己知彼地了解西方历史文

① 郭琰，威瑟姆. 反越战运动中美国公众舆论的影响与作用［J］. 郑州大学学报（哲学社会科学版），2018，51（6）：130-135.

化是做好国际传播的关键一环，因而改变以政府为主的传者单一结构在当下尤为必要。

2. 传者联动缺乏的困境

传者联动缺乏既表现在中国官方内部自有平台的联动缺乏，又表现在官方媒体与民间媒体不同主体的联动缺乏，致使传播文本单一化、缺乏多样性。

首先在自有平台联动缺乏方面，虽然我国政府采取了一系列措施如建设国际文化传播中心等，但官方自有平台之间的协同合作十分有限，官方主流平台之间仍然缺乏联动，在 TikTok 上可以看到“中国日报”频道（chinadailyofficial）和中国国际电视台频道（cgtnofficial）以及其他官方媒体各自为战。其次官方主流外宣媒体和地方政府之间的媒体更是缺乏合作，许多地方政府甚至没有开通对外传播渠道。再次就是官方媒体与民间媒体缺乏联动，官方话语的更好传播需要不同传播主体进行二次解码，构建更易理解、更近人情、更具多样性的文本，通过评论、转发、扩散从而获得更好的传播效果。当下在 TikTok 上的大部分中国主流官方媒体，虽然具有一定粉丝基础，如“人民日报”频道已具有 11.6 万粉丝、“中国日报”频道已具有 12.9 万粉丝，同时虽然我们产出了大量的内容，但这些视频的数据表现都很一般。当下中国的主流媒体传播情况可以用“三普”来概括，即普遍自说自话、普遍缺乏互动、普遍无人浏览，大部分短视频的播放量在三位数，和粉丝量不相匹配，爆款更是少之又少。

（二）传播观念的思维转型困境

传播观念的问题集中表现在线性传递观困境和内外宣区隔困境。

1. 线性传递观困境

线性传递或曰自上而下、自内向外的“宣讲式”传递在我国具有悠久的历史传统[①]，此种方式在国内的集中体制下都具有极强的必要性与重要性，然而我们也要注意到这种传播观念之于对外传播却显而易见地捉襟见肘。中国

---

① 付劲涛．一个东方世界的传播观念：“宣讲”［J］. 语言与文化研究，2023，26（1）：146-150.

人民大学刘海龙教授在《大众传播理论：范式与流派》一书中开宗明义地列出传播的六种话语，并指出传播的“传递观”的局限性，认为其是带有明显的“唯我论”，势必产生“交流的障碍与隔阂”，并最终将导致对话陷入困境。[①] 通过观察入驻 TikTok 的《人民日报》《中国日报》等我国主流媒体的账号，可以明显观察到其封面统一的制式排版、选题的普遍宏大正式等，缺乏一定的交流感。

2. 内外宣区隔困境

以西方为主的国外信息受众长期以来是反“宣传”的，他们往往更注重新闻信息的趣味性、故事性。我们的内外宣思路要做出不同风格，做到“内外有别”[②]，万不可把国内的“新闻八股”“党八股”的思路代入对外传播工作，从 TikTok 上能够看出诸多我国入驻的主流媒体仍然既秉持着“宣传”的思维定式，又秉持着国内新闻短视频的制作风格。“突出‘外’字淡化‘宣’字”“少谈理论、不搞说教”[③] 在当下仍有重要的启发意义。因而随着以 TikTok 为代表的新兴媒介的迅速演变与发展，认真对待内外宣的目标差异、内容差异、受众差异、策略差异尤为必要。

（三）自我形象的他者建构困境

自我形象建构是对外传播的重要环节，而这一方面却长期以来面临着自我建构乏力、他者想象盛行的双重困境，这一困境伴随着媒介全球化和媒介技术的发展反而愈演愈烈。

1. 自我形象建构的乏力

自我形象的建构首先要认知中西方的历史文化环境差异，从中定位自我的文化精神与个性，认知这些差异有助于更好地阐发不同的价值观念。这些文

① 刘海龙 . 大众传播理论：范式与流派［M］. 北京：中国人民大学出版社，2008：15.

② 郭光华 .“内外有别”：从对外宣传到跨文化传播［J］. 现代传播（中国传媒大学学报），2013，35（1）：146–147.

③ 李里江 . 突出“外”字 淡化“宣”字：外宣十年的思考和实践［J］. 新闻与写作，2009（4）：66–68.

化差异表现在语言符号、价值认知、社会历史、宗教信仰、生活习俗等各个方面。然而文化差异既是挑战又是机遇，通过中西文化的对比，能够加深对自我文化的理解，从而能够“返本开新”。然而问题在于我们长期以来向西方学习或者通过所谓“接轨”“全球化”，有意无意地忽略了自我社会历史和文化精神的教育，而这自然会导致自我主体性的消弭，从而在一定程度上失去了世界舆论格局中斗争的前提和自我解释的话语，当失去了形象自我建构的能力，他者想象的建构则成了“理所当然”。辜正坤教授曾提出概念“当代殖民主义”，他认为“中国学术界的一些学术刊物、书籍、会议，充斥着清一色的西方思维模式、西方学术话语、西方学术结论。许多所谓的学术创新，往往不过是排列组合式地变换花样把西方文化思想在汉字的包装下编译给中国读者”[①]。而这一现象与我们所要追求的学术创新或者说新时代的自我建构的目标差之千里。在当下 TikTok 这一新兴媒介平台上，自我形象建构仍是道阻且长。

2. 他者想象建构的盛行

“他者想象”指的是外部观察者或他者对于一个特定群体或国家的想象和表达。近百年来世界传媒格局都是西方一家独大，其他非西方文明国家的国家形象大多由西方媒体塑造，而它们往往会为了自身的政治经济利益而刻意塑造和保持偏见。[②] 比如西方主流媒体 BBC、CNN、《纽约时报》以及当下的 Youtube 上也有大量对华负面报道。甚至在 TikTok 上检索有关中国的一些关键词或用户在浏览关于中国的时政新闻、社会新闻等相关主题内容时，仍然会发现其中充斥着偏见。从某种程度上来说，TikTok 的出现为许多在推特和 Youtube 上长期反华的博主开辟了一个“更有优势”的舆论场地，而他们通过解构权威、混淆视听、制造矛盾、强化对立、爆料虚假内容等各种手段不断加固人们对中国多方面的偏见与歧视，形塑着他们对中国国家形象的基本认知。正如萨义德在其著作《东方学》中所提出的：“东方是非理性的，堕

① 辜正坤 . 中国外语学术自主创新：学术研究理路和前途展望——从单向殖文主义到双向互动的比较文化转向［J］. 中国外语，2007（1）：21-27.

② 吴非 . 地缘政治变迁下西方媒体偏见与国家利益相辅相成［J］. 青年记者，2022（11）：101-102.

落的，幼稚的，‘不正常的’；而欧洲则是理性的，贞洁的，成熟的，‘正常的’。”[①] 萨义德认为西方国家眼中的东方是没有真实根据、凭空想象出来的。因而在世界舆论格局中我国国家形象的他者想象困境尤须破局。

三、逢危见机：从 TikTok 看对外传播的多元主体、平台深耕、自我建构进路

TikTok 作为当下极具影响力和传播力的中国民营企业的自有平台，它为中国对外传播格局带来了新变化，同时也让我国对外传播事业中长期以来的困境在 TikTok 这一世界级的互联网传播平台上更加凸显。逢危见机、遇水搭桥，TikTok 在我国遇到对外传播结构性困境的局面下，带来了全新的想象与可能。

（一）多元主体与全民出海

1. 以多元主体打开对外传播新视野

多元主体的核心目的在于改变长期以来中国外宣事业中的单一主体结构、改变中国主流媒体在国际社交平台上孤军奋战的窘境。TikTok 平台为用户提供了更加便捷的内容制作方式，以及 TikTok 所天然具备的去中心化、精准定位、碎片传播、即时性强等特征，为传播主体的多元化和更好传播效果的实现带来利好。[②] 因而呼吁对外传播主体的多元化势在必行，而这可以从政府发言人、外交部发言人、政府驻外机构、中央主流媒体，再到央国企、跨国企业、国际志愿者、国内非政府组织等展开传播主体的多元化进程[③]，从而使得中国对外传播的声音更加真实、立体、全面。

---

① 萨义德 . 东方学［M］. 王宇根，译 . 北京：生活・读书・新知三联书店，1999：15.

② 郑佳怡 . 传播学视域下短视频的传播效果及特征分析［J］. 湖北文理学院学报，2023，44（4）：84–88.

③ 敖永春，周晓萍，马鑫 . 基于 TikTok 平台的中华文化国际传播创新路径［J］. 传媒，2022（22）：72–75.

2. 以全民出海开辟对外传播新思路

我国对外传播的未来必然要从借船出海发展到万船出海。随着中国综合国力的逐步增强、人民对国家的认同不断深化以及当下年轻人文化自信的普遍增强，作为更具活力和创造力的年轻人，更愿意为真相而斗争，更愿意为不平而发声，更愿意维护国家形象。从图文社交媒体再到短视频社交媒体，“人人都有麦克风”时代已经过渡到了“人人都有摄像机”时代，TikTok 国内版本“抖音”拥有大量的优质年轻作者，他们时刻在以自己的视角记录在国内的多彩生活与成长，而据 Socialblade 网站统计，目前在 TikTok 上粉丝量排行榜前 50 名尚无中国用户账号①，显而易见我国对外传播的“生产力”未被充分解放出来，“主力军”尚未挺进主战场②，国家形象和舆论事业的“人民战争”有待动员。

（二）平台思维与互主体性

1. 以平台思维与时俱进

TikTok 作为跨语境、跨国别、跨文化的“数字平台”（digital platform）在当下已然成为极为活跃的传播场域③，因而只有充分了解平台特点才能将国际传播做到更好。首先应熟知平台的基本定位，脸书定位偏向于熟人社交网络、推特定位偏向于公共传播平台，而 TikTok 这类以短视频流媒体为主的平台，其传播手段更加年轻化、具身化，它对视听体验的要求更为显著。其次平台的服务逻辑即用户本位，应更加关注用户本身的需求与信息接受偏好，主动生产更加适合 TikTok 用户观看体验的短视频。④最后应主动转换角色，尤其是政府角色的转换，政府应主动从平台机构的管理者向平台内容生态的共建者

---

① Top 50 TikTok users sorted by followers - socialblade TikTok stats | TikTok Statistics [EB/OL]. [2023-05-30]. https://socialblade. com/tiktok/top/50/most-followers.

② 中共中央办公厅　国务院办公厅印发《关于加快推进媒体深度融合发展的意见》[EB/OL]（2020-09-26）[2023-05-30] . http://www. gov. cn/zhengce/2020-09/26/content_5547310. htm.

③ 姬德强，朱泓宇，吴琼静 . 平台思维、故事架构与话语创新：新媒体语境下中国减贫事业的国际传播路径 [J]. 国际传播，2020（6）：24-30.

④ 于毓蓝，王宏宇 . 平台思维与融媒体建设的逻辑理路 [J]. 传媒，2022，376（11）：94-96.

与引导者转型，并主动扮演协调者与仲裁者的角色，而非维持一种高高在上的“大家长式”形象。平台思维能否与时俱进，关系着我国对外传播的成败。

2. 以互主体性理解沟通

公共领域（Public Sphere）这一概念由德国政治哲学学者哈贝马斯在其著作《公共领域的结构转型》中提出，他认为公共领域的基本要素有公众、公共场所、公共媒介、公共舆论。[①] 而 TikTok 作为一种公共网络空间平台，它具备公共领域的基本要素，拥有多样独立的用户公众、平等自由的表达空间。[②] 而建构理想的公共领域空间关键在于“互主体性”或者说“主体间性”。互主体性同样对用户在 TikTok 上获得更好的传播效果具有启发意义，它可以概括为平等性、互动性、合作性三个方面。首先是平等性，视频制作时应注意淡化权力和地位的不平衡，使得交流更具有包容性。其次是互动性，在我们制作相关短视频时，应主动注意在视频中通过提出问题、邀请评论、呼吁分享等多种方式引导观众加入互动环节，重视观众的主体性。[③] 最后是合作性，合作性则要求在内容制作时应思考是否能和观众形成共同的目标和利益，能否促进共识的形成、获得价值认同。

（三）概念祛魅与话语创新

1. 以概念祛魅跳出议题陷阱

概念是思想的支点，它影响我们的思考方式。长期以来我国的内外政策受到西方概念话语的恶意解构和中伤，对我国国家形象产生了深远的负面影响，西方擅长于通过扭曲事实、编撰叙事来创造概念并使之武器化来获得道德和文化高位，以此谋取政治经济利益。如当下在 TikTok 上仍然有大量西方媒体、中国台湾媒体、海外华人自媒体等，以自由、专制、民主、独裁、人

---

① 哈贝马斯．公共领域的结构转型［M］．曹卫东，王晓珏，刘北城，等译．上海：学林出版社，1999：32–35.

② 吴辉．癫狂与理性：抖音短视频公共领域里的生活世界及价值塑造［J］．凯里学院学报，2020，38（4）：63–67.

③ 柯鹏翔．新媒体时代公共领域的建构［J］．新闻研究导刊，2020，11（9）：58–59.

权、威权等概念设置议题攻击中国制度、抹黑中国形象。而这些抽象的概念话语往往会掩盖现实的无限复杂性和背后的真实意图，在当下亟须认真讨论这些概念的历史叙事，将其正本清源，揭示其本质。如范勇鹏将西方概念话语分为四种，一是西方话语核心概念，如自由、法治等；二是西方话语炮制出来的攻击性概念，如极权、威权等；三是被西方话语偷换和扭曲后为西方所用的概念，如民主、文明等；四是西方话语力图掩盖的概念，如国家、阶级等，并指出解构西方话语对当下讲好中国故事的迫切性。[①] 因而主动解构西方话语、祛魅西方叙事神话，理解其背后的深层政治经济利益博弈，是打造融通中外的新概念、新范畴、新表述从而做好国际传播的重大课题。[②]

2. 以话语创新建构叙事体系

在对外传播过程中话语是不可忽视的重要环节。麦克洛斯基曾提出话语是“在一定的历史时空规限下相互联系的思想，它嵌在文本、言词和各种践行之中，关涉寻找、生产和证实‘真理’的各种程序”[③]。福柯认为“话语即权力”，主导话语可以压制其他话语，对世界秩序的解释和整理起着根本作用。[④] 而国际话语权更影响和改变着人们对国际行为体的认知与评价。[⑤] 长期以来，我们自我解释与表达的话语落入了思维框架内，空洞乏力。首先应基于历史现实创新中国话语。如中国自古以来是多民族共存的文明形态，这与西方近代以来所形成的国家概念即“民族国家”（national-state）的话语意指全然不同，我们应该将国家重新定义，如将其定义为“文明型国家”（civilizational-state）。[⑥] 其次应基于文化传统创新中国话语。如我们应认识到中国传统的民本

---

① 范勇鹏 . 建设中国话语首当颠覆西方概念体系［J］. 东方学刊，2022（4）：58-70+119-120.

② 习近平主持中共中央政治局第三十次集体学习并讲话［EB/OL］.（2021-06-01）［2022-01-20］.http://www. gov. cn/xinwen/2021-06/01/content_5614684. htm.

③ 麦克洛斯基等 . 社会科学的措辞［M］. 许宝强，等译 . 北京：读书、生活、新知三联书店，2000：82.

④ FOUCAULT M. The archaeology of knowledge［M］. London：Routledge，2002：121.

⑤ 邓纯余，徐柏才 . 论当代中国价值观念的国际话语权［J］. 马克思主义与现实，2017（6）：141-148.

⑥ 张维为 . 中国模式的优势是“百国之和”［J］. 今日国土，2011，89（1）：44.

思想和当下民主思想的不同面向，应发现民主的某些形式和理想结果往往内涵于民本思想之中，从而积极创新民本话语叙事。再如我们应超越主客二分的范式以天人合一、万有相通的思维进行学术话语创新和叙事话语创新。① 最后应基于当代实践创新中国话语。如党的二十大所提出的“新型城镇化”模式就迥异于西方的单一传统城市化模式，温铁军更是认为中国应该走中国式的“城镇化”（townlization）而非西式的“城市化”（urbanlization）道路。② 以词汇创新实现概念创新，从而减少对外传播中的“文化折扣”现象。因此我们应更加注意从多个纬度进行话语创新，激活叙事张力，从而逐步将影响力扩大到当下的互联网媒体平台，最终实现自我建构的话语自主权。在当下我们要深刻认识到 TikTok 对话语创新、叙事创新的潜在推动作用，正如姬德强认为的，TikTok 作为一个国际传播的前沿领域，将为我国的国际传播学术话语体系创新带来全新机遇。③

结　语

TikTok 作为一家中国民营公司字节跳动的自有平台在海外产生了巨大影响，拥有了庞大的用户群体，这在中国传统媒体走出去陷入结构性困境的局面下为我们的对外传播事业带来了全新的想象图景。TikTok 其本身的平台特点、用户黏性、市场潜力决定了其必然成为我国对外传播的重要实践场所，因而我们更要认真面对我国长期以来传播主体的传者结构困境、传播观念的思维转型困境、自我形象的他者建构困境，并从多元主体与全民出海、平台思维与互主体性、概念祛魅与话语解构等多个方面积极实践与反思。TikTok 是为我国的对外传播事业送来了一盏“阿拉丁神灯”还是打开了“潘多拉魔盒”尚尘埃未定，一切大有可为。

---

① 胡自信．论张世英“万有相通哲学”的原创性［J］．哲学分析，2017，8（1）：3–11+196.

② 温铁军．新型县域经济与农民分享收益的制度安排［J］．经济导刊，2022（11）：64–66.

③ 姬德强．TikTok 研究：一个国际传播的前沿领域［J］．视听理论与实践，2022（2）：11–17.

智能时代中华文化共同体的发展路径与挑战*

——以抖音和 TikTok 为例

一、新时代与新格局：智能技术的发展牵动文化的生态革新

习近平总书记在文化传承发展座谈会上指出，要“共同努力创造属于我们这个时代的新文化，建设中华民族现代文明”①。在国际局势变幻、新兴技术发展、人的认知和思维不断改变的新时代，中华文化应当继承发展优秀传统，创新性发展文化的核心哲思和优良民族元素，不断通过文化事业和文化产业的发展，积极运用智能技术，增强中华文明内生的凝聚力和外生的传播力与影响力，不断革新文化的发展机理和传播路径，构建更具有发展能量的文化共同体。

（一）智能技术推动智能传播

科技能够促进人的自由发展和解放，提升生产效率，优化生产关系，促进文化的发展，使人们进入“技术人类生活世界”②。中华文化共同体的内部建构与外部传播与时俱进，离不开当下智能技术的赋能和智能传播的推动。

---

* 本文由田智辉与詹思微合作完成，收入本书时略有删改。詹思微系中国传媒大学互联网信息研究院硕士研究生。

① 习近平．共同努力创造属于我们这个时代的新文化［N］. 人民日报，2023-06-06（1）.

② 刘日明．马克思对资本主义文明的批判与人类文明新形态［J］. 哲学研究，2023（2）：5-15.

自1990年左右互联网出现开始，传播就发生了巨大的变革。从集中式、中心化的“大教堂式”信息单向分发，到如今的用户生产内容、机器协助制作、算法精准分发，传播经历了大众传播时代、网络传播时代、社交传播时代，进入“去中心化”的智能传播新时代。[①] 在智能传播时代，抖音及其出海平台 TikTok 是数字传播范式的典型，它们彻底颠覆了传统的信息内容分发模式，提升了内容分发的效率，让用户的兴趣和需求与观看平台作品的内容主题、题材精准匹配。以 ChatGPT 和 SORA 为代表的生成式人工智能技术，代表着智能传播从媒介平台应用到真正的认知决策转化，其强大的渗透性和扩张性，不仅能够在自身平台上，以“命令—问答”的形式对用户的需求和疑问做出答复，还能与其他平台进行整合，如搜索引擎、办公软件和社交媒体，为各个行业赋予新能力，深入影响文化元素的形成、组合和传播。（见表1）

表1　传播演变过程表

种类	发展时间	生产者	内容特征
大众传播	20世纪90年代以前	专业人员，如记者	-
网络传播	20世纪90年代之后	媒体组织	数字化和网络化
社交传播	21世纪之后	个体传播 人际交流	传播主体下沉，进入大众内容生产
智能传播	21世纪20年代之后	生成式人工智能生成 算法介入	精准推送内容，机器介入生产

传播基础设施作为基础性的技术系统，以隐匿的方式嵌入并重塑社会历史的发展进程。智能技术赋能传播，基于算法和大模型，以实时、动态的大规模数据驱动用户的数据挖掘、内容生产和网络传播，形成新的社交圈层，塑造着中华文化共同体新的发展路径。

① 方兴东，钟祥铭.智能媒体和智能传播概念辨析：路径依赖和技术迷思双重困境下的传播学范式转变［J］.现代出版，2022，139（3）：42-56.

（二）技术之“变”与文化之“辨”

古登堡发明了铅活字印刷术，人类从此进入大众传播时代。大众传播、网络传播、社交传播，以及如今的智能传播，四种传播交融，形成安德鲁所说的“混合媒介系统”与卡斯特口中的“网络社会”。在智能时代，中华文明面临着传统文化传承、现代文明发展和国际文化传播的新局面。

民族文化、集体记忆、情感和价值观具有时间流动性。从“天下”到“民族”再到当下的“国族共同体”，在不同的历史时期和社会背景下，中华民族的文化建构和身份认同水平有所不同。尤其是全球化带来的“中西之辨”，中华文化随着全球文化的交流从内生的演化转向外向的延展。当前，中华文化的建设与传播面临着多样化的问题：一是文化资源开发与利用不足，中华文化源远流长、博大精深，而现实中许多中华文化遗产和历史故事的挖掘还是很不充分，如经典中国建筑、中国美食和传说故事的抖音作品多以旅行 Vlog 为主；传播内容以传统且纯粹的中国武术、书法和京剧为主，缺乏与现代文化、国际潮流和青年群体兴趣相结合的内容。二是创新能力不强，一些文化产品和服务缺乏原创性和创新性，同质化现象严重，如大量配有同样背景音乐的国风变装视频涌现，难以满足消费者多样化的需求。三是国际化程度有限，由于跨文化传播折扣和中华文化国际作品较少，与国际主流文化相比，中华文化的国际传播能力和影响力仍然有限，在一定程度上限制了中华文化在全球范围内的传播。人工智能的发展不断刷新了技术对社会文化的影响，中华文化既面临着技术变革带来的发展机遇，同时也面临着技术异化带来的发展风险。①

以大数据整合、算法驱动和精准内容推送为核心的抖音、腾讯视频、脸书、Instagram 等“杀手级应用”的出现，标志着人工智能内容生产技术的孕育和融合②，中华文化的传播拥有了传播主体多样化、传播权力下沉、传播模

---

① 黄松，谭腾．生成式人工智能时代的中华民族文化共同体建设走向：技术驱动与范式创新［J］．学术交流，2023，（9）：20–42.

② 方兴东，钟祥铭，顾烨烨．从 TikTok 到 ChatGPT：智能传播的演进机理与变革路径［J］．传媒观察，2023（5）：39–47.

态更丰富、传播目标更准确等显著变化。抖音作为典型的智能短视频平台，以其多样化的内容主体、多层次的用户主体以及多功能的平台特性为普通人、外国群体、专业团队和主流媒体提供了深度挖掘中华文化的机遇。面对全球化，为了提升话语权，推动中华文化的全球传播，国内的软件公司集体“出海”，建设海外本土化的话语空间，抖音海外版 TikTok 正是其中典型的代表。TikTok 以其算法精准性、群体多样性、操作便利性和功能丰富性获得了广大海外用户的喜爱。

在智能传播时代，智能技术深入影响大众的深层认知，从生活习惯、人际关系处理和思维观念等多个角度影响着社会“想象共同体”的构建。智能技术对中华文化对内构建和对外传播起到怎样的影响？是带来技术的异化、文化的扭曲还是助力文化的创新、分发？本研究将以抖音和 TikTok 两个智能媒体作为智能传播时代的重要代表，对其平台、用户作品以及技术逻辑进行分析和思考，寻找中华文化共同体和国际传播场景的新思路。

二、“新动向”：中华文化共同体的下沉式挖掘与对外延伸

（一）不同的向内和向外构建，主体的集中

抖音及其国际版 TikTok，皆为基于用户生成内容（UGC）与人工智能技术的移动短视频平台。其平台运作机制主要仰赖于算法推荐系统，通过深度分析用户兴趣、行为及互动数据，为用户提供个性化推荐内容。TikTok 利用抖音在国内积累的经验与资本，通过一系列的收购、合并等举措迅速崛起，成为国际互联网社交平台的巨头。[①] 2019 年，TikTok 覆盖全球 155 个国家及地区，并提供了 75 种语言版本。

抖音和 TikTok 平台的创新模式密切追随当前数字时代用户行为趋势，其核心在于独创且新颖的内容推荐算法与短视频呈现形式。基于人工智能的推荐算法计算用户兴趣，能持续吸引用户注意力，增加用户黏性。同时，两者

---

① 宋建武，王一帆．探析中国互联网应用的国际化策略：以短视频平台“TikTok”为例［J］. 媒体融合新观察，2020（3）：26–31.

采用了全屏短视频的内容呈现形式，搭配富有动感的音乐节奏与快速滑动的浏览方式，为用户提供了全新且有趣的社交体验，通过点赞、评论、转发，以及作者与观看者进行互动，成功吸引大量用户与内容创作者。以 TikTok 为代表的智能推荐算法成功“出海”意味着中国在内容分发策略上迎来了新机遇，中华文化得以被国际多样化的用户了解和本土化，展现了中华文化在全球范围内的下沉和开发潜力。

本研究通过随机抽样结合主观审核的方法，根据账号的粉丝数目（确定账号的影响力，数据统计至 2023 年 9 月）、账号的核心内容（账号展示的中华文化内容主题）以及账号的类型（主体是个人、团队还是主流媒体等）、账号的身份（中国人、外国人或者共同体），较为全面地抽取了 TikTok 上 12 个账号以及抖音上 12 个账号，一共 24 个与展现中华文化有关的账号，通过爬取账号的简介、评论、标签，转录短视频的具体内容，经过清洗得到超过 5 万字的原始内容数据。对内容和文本进行分析后，归纳出智能技术赋能下的社交短视频平台赋能构建和传播中华文化的路径与“出海”成效。此研究旨在探索智能社交短视频平台内外联动机制，助力中华文化的国际话语传播和身份认同构建。（见表 2）

表 2　部分平台账号列举

账号名称	核心内容	粉丝数目	账号类属
jingjuguo	传播中国文化：京剧	17.6 万	中国人个人账号
yasminvroon	分享外国人在中国生活、旅行的经历	11.8 万	外国人个人账号
candiselin86	文化评论 广东流行文化	140 万	中国人个人账号，讲解中国文化
chinadailyofficial	中国文化 中国故事 亚洲新闻 一带一路	170 万	中国主流媒体账号
cgtnofficial	国际新闻	5.4 万	中国主流媒体账号

续表

账号名称	核心内容	粉丝数目	账号类属
李子柒	中国美食 中国三农文化	4,845.7 万	中国人团体账号
路卡和瑞丽	跨国婚姻 在国外传播中国文化	244.5 万	中国人和外国人团体账号
李清泉讲国学	讲解中华文化和历史	36.8 万	中国人个人账号
记录中国	旅行博主 分享中国地域美景	351.3 万	中国人团队账号运营
中国日报	国际 / 中国新闻文化	3,769.3 万	中国主流媒体账号
CGTN	国际新闻	973.7 万	中国主流媒体账号

（二）平台可供性：中华文化内部深入挖掘和对外多层次分发

1.“去中心化”：UGC 模式的内容下放与再开发

抖音和 TikTok 平台都提供了集成的视频制作平台，用户仅需进行视频内容拍摄，就可以在平台上进行内容处理，增加特效、滤镜甚至字幕、音乐等，极大降低了传统媒体时代需要专业能力极强的工作者才能生产内容的门槛，实现了主体的多元化。[①] 这减少了用户专业素养差异带来的个体数量差异、实践能力区别和技术适用性的不均衡，在一定程度上缓解了“数字鸿沟”。平台把创作权下放到个人手中，每个人都有了解说、谈论和分享中华文化的权力。内容表达变得更为趣味化、形象化，传播效果草根化、生活化，打开了中华文化新的创作口，有利于文化资源的内部深度开发利用。这些账号主体，上至主流媒体（chinadailyofficial、CGTN 等），中至团队（李子柒、记录中国等），下至普通老百姓（candiselin86、李清泉讲国学等）包括外国人（yasminvroon 等），都在分享中国故事，对外传播中华文化。

例如，博主 chinesewithmia 运用流利的英语讲述中国影视剧（《妖猫

---

① 敖永春，周晓萍，马鑫．基于 TikTok 平台的中华文化国际传播创新路径［J］. 传媒，2022，（22）：72–75.

传》)、中国著名景点（钱塘江、张家界）、中国俚语（电灯泡等）、中国美食，以竖屏、分屏带字幕的方式为海外群众普及中国文化，破除其认知偏差，如“中国人从不穿裤子”“中国人全都是剁手族”等。这种传播方式联结了中外网络基因，让外国人更好地理解和喜爱中国文化。肖恩（Shaun-Gibson）是一位喜欢中国音乐的外国人，他通过分享自己在中国的经历、中国美食和音乐，从海外他者的角度讲述中国人的日常生活，拓展中华文化传播渠道的同时，有效减少了文化差异带来的文化折扣，也增强了中国人自身的文化身份认同感，促进了不同群体之间的互相理解。

2.“去寻找化”：大数据算法驱动的内容分发

算法机制能够通过大数据分析用户的行为、兴趣和互动数据，实现个性化推荐，提升用户体验，使喜欢中华文化的用户或者需要了解中华文化的用户集中收到相关的内容推送，减少用户寻找目标内容的时间。算法机制能精准定位受众，为用户呈现更有吸引力的内容，提高用户的留存时间和参与度。无论是在 TikTok 还是在抖音，都可以发现相关博主的粉丝群体有大量重叠。大数据的推送让他们更容易找到相关内容。例如，在博主“中国茶文化”（tea.chinese.culture）和李子柒的视频评论区可以常见到“I came from another vlogger”“I'm a tea person Its interesting to know this too”等内容。海外用户能够通过一个中华文化作品，找到其他中华文化博主，补充自身感兴趣的内容，在一定程度上增强了海外用户传播中华文化的参与度，扩大了中华文化的影响力。

3.“去区隔化”：时空限制破除的观点互动

2022 年的《TikTok 收入和使用数据》展现出 TikTok 庞大的使用量，全球有近 21% 的网络用户使用该平台，亚太地区、北美洲、欧洲、拉丁美洲都有所分布。[①] 面向海内外的传播，新媒体平台的私信、评论和直播功能打破了

---

① IQBAL M. TikTok revenue and usage statistics［EB/OL］.（2022-08-19）［2011-08-20］. https://www. businessofapps.com/data/tik-tok-statistics/.

用户的时空界限，让全世界各地的人能够实时、实地、实际地了解中国文化。

用户可以在视频下方发布评论，并实时查看其他用户的回复和评论，这种实时的互动方式使得用户之间的交流更加顺畅和及时，是短视频平台用户社交的二次延伸。例如，在CGTN的作品《哈尔滨汉喊话海外老铁》这一条中，评论区会有人询问黑龙江的具体物价并得到回答；有人赞扬东北家乡会获得情绪共鸣；有人解答外国人的疑问，弥合了信息差。博主jingjuguo会画上较为复杂的妆容表演京剧，评论区有人会说“it is unbelievable”或者“不好看”等声音，博主和其他用户会用理性的口吻，耐心地科普京剧的妆容和其他知识，让国粹以深入浅出的方式更好地融入平台交流中。整体来看，评论中协商式解读较多[①]，整体态度比较友善，具备了渗透日常生活的能力。此外，用户还可以通过回复功能对其他用户的评论进行回复，这种回复可以是文本、图片、视频等形式，进一步丰富了用户之间的互动内容，丰富了中华文化的对外传播途径，同时也增强了文化内生的凝聚力。

（三）社交平台“出海”：中华文化通过本土化走向世界

1. 包容开放的内容叙事

新闻传播闭合化的特性被打破，逐渐呈现出“杂合性”。在媒介逻辑上，中国主流媒体视频账号，如中国日报、CGTN会保留自身的新闻品质和专业内容，但同时，通过短视频、加夸张字幕、设置病毒式传播的音乐等方法，呈现与数字媒体逻辑相匹配的内容，尤其是在海外平台上，新闻报道内容会依据相关国家的立场、习俗而改变。在平台逻辑和用户逻辑上，“短视频内容+算法分发+用户深度参与”模式占据主导。[②] 在TikTok平台上，无论是主流媒体、专业学者还是个人网红，皆会利用“眼球”优势的传播“偏向”，精准把握时长、设置较为突出的标题，根据用户情况打造点面结合的多层次中华

---

① 戚梦颖．中国短视频自媒体的国际传播策略研究［D］．北京：北京外国语大学，2020.

② 史安斌，梁蕊洁．杂合性视域下传统媒体的TikTok化：现状与趋势［J］．青年记者，2023，（21）：106–110.

文化作品，如较短的京剧演员卸妆视频、较短的木制榫卯结构讲解视频、较长的普通话教学视频、较长的纪录片解读视频，多层次多圈层地迎合用户。这些做法丰富和发展了中国文化产业和文化事业的叙事逻辑、创作方式以及分发方式，在一定程度上进行了中华文化的创新，不仅是适应一个平台，更是使文化内涵适应技术的创造性发展。

2. 接轨国际的平台体系

在中华文化对外传播过程中，话语是不可忽视的重要环节。麦克洛斯基认为话语是“在一定的历史时空规限下相互联系的思想，它嵌在文本、言词和各种践行之中”[①]，福柯认为“话语即权力”，主导话语可以压制其他话语，对世界秩序的解释和整理起着根本作用。[②]而国际话语权更影响和改变着人们对国际行为体的认知与评价[③]，中华文化借助国际平台进行在地化传播，能够沉浸式进行文化分发，促进海外群众理解中国文化的内涵和形式逻辑，获得更多群体的支持。同时，通过社交媒体“出海”，TikTok 为中华文化的传播创建了一个虚拟的“话语空间”，延伸了公共交往空间，提升了中华文化在海外的话语权。

对外传播主体的多元化促进了中华文化内容叙事的多元化。外交部发言人、政府驻外机构、中央主流媒体、跨国企业、国际志愿者、国内非政府组织等主体推进传播的多元化进程[④]，对外传播内容模态的多元化和语言的多样化也促进了中华文化传播路径的多样化，通过在地化平台消除传播者与受众的语言交流障碍和文化沟通障碍，解决了文化传播困境，从而使得中国对外传播的声音更加真实、立体、包容。

---

① 麦克洛斯基等．社会科学的措辞［M］．许宝强，等译．北京：读书・新知・生活三联书店，2000：82.

② FOUCAULT M. The archaeology of knowledge［M］. London：Routledge，2002：121.

③ 邓纯余，徐柏才．论当代中国价值观念的国际话语权［J］．马克思主义与现实，2017（6）：141–148.

④ 敖永春，周晓萍，马鑫．基于 TikTok 平台的中华文化国际传播创新路径［J］．传媒，2022（22）：72–75.

三、“大变革”：智能时代中华文化的发展与挑战

（一）自上而下，由内而外：文化生产重塑与共同体再构建

智能技术促进了文化权力下移和跨文化交流传播。传统的中华文化主要是自上而下传达，真正广大的受众群体没有发挥文化生产和传播作用，传播力有限。然而，人工智能降低了大众参与意见表达与内容生产的门槛，让普通人拥有了发布内容、制作作品的机会和能力。越来越多的民族个体得以从不同的角度发挥自身创造能力进行价值表达，从而驱动社会文化传播权力下沉。[①] 不同民族的群体得以进行交流，不同国家的人民能够互动，群体自主搜寻信息和表达观点的渠道得以敞开。[②]

智能技术助力文化实践手段升级，促进文化的理解和感知。麦克卢汉曾说“媒介即讯息”，在社交平台的数字空间、虚拟空间，智能技术与传统的文化价值观相结合，在文化遗产的数字化、分类、展演等方面发挥巨大作用，助力文化遗产的保护。通过数据资源的归纳整合，更多人得以观赏到中华文化的瑰宝。利用 GPT 型技术，人们还可以生成文学作品、艺术作品和视频。如技术可以生成莫高窟文物的修复视频，助力文化遗产保护；进行语言翻译和修饰，助力中华文化跨文化传播；进行人机互动和可视化呈现，如兵马俑数字孪生模型，让更多人身临其境地体验古代文化，同时为保护文物提供数据和环境模拟，生成文化活动的全息数字空间。[③] 人工智能赋能平台，还可以让人们更加关注传统场景中易被忽视的小众民族话语、遗产等文化，使它们成为充盈共同精神文明家园的活化资源。这有助于丰富和发展中华民族文化共同体的多元统一，不仅能让国人更好地感受到文化的价值，也能让外国友

---

① 苏华．平台化社会传播关系的分化和博弈：去中心化的迷思［J］传媒，2022，377（12）：91–93.

② 黄松，谭腾．生成式人工智能时代的中华民族文化共同体建设走向：技术驱动与范式创新［J］. 学术交流，2023，（9）：20–42.

③ 王静静，洪贇，叶鹰．GPT 型技术应用重塑数字人文探讨［J］. 情报理论与实践，2023，46（6）：43–46.

人实体化理解中华文化的博大精深。

智能技术赋能中华文化共同体的凝聚力，移除外部的文化偏见。智能社交平台减少了交流关系层级，社会群体在分享自身文化体验的同时还可以在与用户互动中获得文化感知和身份认同，增强中华文化共同体的内部凝聚力。早期，以弱关系为主的社交媒体带来“差序”，导致心理或者地理距离遥远的人群对中华文化的理解和认同感较低。智能算法能够计算社交关系和用户兴趣，实现节点更为快捷、有效的链接，让海外用户也能接触和深入中华文化，从而促进文化向外部延展。① 交流层级的减少可填补感情沟壑，生成式人工智能已经能够识别用户情绪并能提供相匹配的情感反应，技术嵌入平台促进正向情感的扩散，经过和谐友好为导向的智能处理，有利于降低网络环境中因信息传播不可控造成的族际偏见与误解。同时，智能技术使得中华文化趣缘群体更好地被识别，促进文化的传播、内容的交流，形成更深厚的价值共识，增强情感凝聚力。

（二）不完善与不均衡：技术对文化传播的负面影响

诚然，智能技术赋能社交平台为中华文化的开发、文化事业和文化产业的发展、传统文化的创新性传播乃至海外国际话语权的提升都有所裨益。但是，不可否认的是，技术也给中华文化传播带来了风险和挑战。

智能技术带来信息失控。目前，人工智能的发展缺乏有效的约束和治理。机器人生产假消息、利用合成视频传递假情报，甚至进行伪装，进行文化诈骗的新闻屡见不鲜。虚假信息扰乱舆论生态，潜藏的价值偏见激化矛盾关系，外部的算法霸权增加风险渗透。精准推送确实会增加受众黏性，但是也会导致“回音壁”和“信息泡”的产生。从未接触或者从未主动搜索过中华文化的群体更难以从算法当中获得中华传统文化的信息。平台的商业逻辑和流量为王的运营方式甚至会导致中华文化被恶意利用②，如运用戏曲当中的陈旧话

① 喻国明．人工智能带来重大传播变革［J］. 前线，2022，505（10）：56–57.

② 杨娟．人工智能时代的中华文化传播力研究［J］. 人民论坛，2023，（2）：107–109.

题搬弄是非、污名化中国特色饮食、攻击地域人群或者断章取义。想要让中华文化在全球化潮流中成为一个没有“偏见”的共同体，主流媒体和意见领袖们还需要大量进行民族议题、边疆治理和国家政策的阐明，谨慎国外势力的渗透和对中华文化的扭曲。

智能技术压制文化创新。从马克思主义的角度来看，技术是“解放”与“控制”的矛盾统一体。智能技术在进行文化构建的时候也可能会对原有的文化秩序、文化主体产生负面影响。“算法是局部的，完全复制人的生物算法是不可能的。”① 技术虽然发展，但是远未到形成人类情感传播的能力，过于重视技术有时会忽略中华文化中真正的人文关怀和情感体验。讲好中国故事、活化文化灵魂、形成文化情感共鸣还需要人们对中华文化资源进行深入挖掘。此外由于智能技术越来越发达，生成作品愈发简单，越来越多的人只是浅层地传达文化内容，吸引流量，如 TikTok 上大量洗脑但是无意义的文化玩梗、为了宣泄情绪而进行话语表达或者为了数据而进行的作品窃取，削弱了中华文化的意义。

四、“新方案”：智能时代中华文化发展的路径抉择

风险与机遇并存，在智能时代，想要更好地进行中华文化的传播和共同体构建需要提升我国智能传播的算力、算法和数据能力，全方位探索智能技术的发展未来，提升社会媒介素养和科技素养，让社交平台和智能媒体发挥更好的传播效能，着力从内部深入挖掘中华文化的精华，对外增强国际传播能力，增强中华文化共同体的内部凝聚力和外部影响力。

（一）对内挖掘中华文化共同体的内生精华

在智能时代背景下，我们应积极运用先进的智能技术，深入挖掘中华文化的丰富内涵。文化研究及展示不应止于表面而宏观的介绍，而应利用技术

① 王峰．挑战“创造性”：人工智能与艺术的算法［J］．学术月刊，2020，52（8）：27-36.

进行深入研究。例如，借助智能扫描与3D生成技术，学术研究者可以模拟那些因物理条件限制而无法完全展开的历史书卷，进而对其进行深入分析。一个实例是百度公司利用人工智能技术对中国古籍进行数字化处理，如《四库全书》。此外，通过构建互动平台，可以跨越国界，汇聚全球专家的智慧，推动科学共同体的协作，这不仅有助于探讨本国文化的深层次价值，还能开启跨国文化交流的新篇章。

我们还应当运用智能技术为中华文化的各个领域注入新的活力。助力各文化领域的发展，如民族乐器、诗歌、美食和语言研究。例如，在民族乐器、诗歌、美食和语言研究中，智能技术不仅能提高研究的深度和广度，还能助力非物质文化遗产的保护与传承。例如，通过大数据分析，对皮影戏等非物质文化遗产进行记录整理，关注技艺精湛却缺乏传承的皮影戏，关注有近百道工序却缺少工厂生产的云南傣族油纸伞，关注在快捷化城市中逐渐式微的慢轮制陶。此外，利用大数据技术，学界和业界可以破译和记录濒临消亡的生僻语言和文化遗产的相关故事，进而生成视频素材，这不仅有助于中华文化的内部整合，还能推动文化元素向更广阔的领域传播。

中华民族运用智能技术也有助于促进文化的内部理解，并赋予其时代性。通过智能翻译、数据整合、智能内容生成等方式深入探索地区方言和习俗的发展变化，实现对不同民族、时代和地域的中华文化的理解。例如，利用智能工具整合全球语言数据，翻译古流语和民族语言，从而促进文化的传播与理解。这种方法不仅有助于主流文化得到关注和理解，让原本束之高阁的艰深研究内容得到应用，也能让中华文化的边缘群体克服语言文化门槛，进行沟通，减少其与社会连接的障碍，获得社会认同。智能技术和数字技术的普及，使得不同地区和时代的文明得以交互，让使用者们减少地区和时代的偏见，促进群体融合。

媒体和企业应充分利用智能技术和平台进行多模态内容创新，助力中国文化产业的创新发展。政府和学者也可从历史和地区文化中获取经验和创新思路，为中华文化共同体的未来发展提供支持。例如，利用虚拟现实技术重现历史场景，提升文化传承的体验性。这些创新应用有助于推动中国文化事业的发展，促进文化传承与创新，以及中华文化共同体的发展。

（二）对构建中华文化共同体的外部理解

在智能时代，应鼓励中国用户深度学习人工智能，并借助高效、人性化的人机交互界面，通过社交媒体平台深入探索中国传统文化。这一过程的核心在于多样化地学习和创作文化内容，以使之具备可听、可感、可言说的特质，并通过多模态传播方式实现文化的全方位传承与发展。具体而言，可以利用视频日记、搞笑短视频和短剧等，来呈现针灸、中药调理、中国功夫和孙子兵法等文化元素。例如，通过视频日记详细记录针灸的治疗过程与体验，让观众直观感受到针灸的神奇效果；通过 Vlog 讲述中药调理身体的实际案例，展现中药的独特魅力；运用搞笑短视频介绍中国功夫，吸引更多年轻受众；以短剧形式诠释孙子兵法的策略智慧，使观众在娱乐中领悟其精深之处。这些创新性的传播方式不仅保留了文化的“灵韵”，还能让海外用户更直观、更自由地感受中国文化。这样的深度学习和创作活动旨在保留文化的本质“灵韵”，使其能够在国际舞台上获得更广泛、更直观的认同和欣赏。

同时，媒体和社交平台应肩负起“社会化”责任，坚守主流价值观，利用大数据分析、智能关键词检索和内容识别等技术手段，及时识别并处理捏造新闻、制造文化焦虑、恶意营销中国负面形象的信息。如此可以减少文化传播中的噪声，增强文化外部理解的一致性。此外，主流媒体应发挥引导作用，推动高质量的文化输出，如将中华文化短剧和作品转化为纪录片、电子书甚至影视剧，以更加立体化的方式进行传播，打破专业壁垒，让中华文化更加深入人心。

政府在这一进程中也应当扮演重要角色，做好“数字把关人”。在法律和政策层面为智能技术和平台发展提供支持，严厉打击歪曲中华优良文化的行为，以保护和促进中华文化的传承与发展。通过政府的引导和规范，确保智能技术在中华文化的国际传播中发挥积极作用。

希望海内外的人们能够认知、认可并逐渐认同中华文化。人们通过趣缘平台的智能推送了解真实和立体的中国，通过内容创作、多样化视频观看和评论在互动中理解中国文化的内涵和中国人的思维方式，最终实现对中华文化发展路径的认同。[①] 这种认同不仅仅是对文化内容的认可，更是对中华文化智能传播方式的肯定，为构建智能中华文化共同体和实现中华文化的国际传播打下坚实基础，为其未来发展铺平道路。当人们逐渐认同中华文化时，智能技术方能真正赋能中华文化的国际传播和共同体构建，打造更好的智能中华未来。

① 段鑫康．网络与数字时代文化产业推进中华文化对外传播研究［D］. 成都：西南财经大学，2023.

互联网信息中的传播新技术新情境

提质增效与跨界跨域：县级融媒体中心发展状况研究*

在媒体融合和全媒体传播体系建设的大格局中，县级融媒体中心承担着重要的底层支撑作用。习近平总书记十分重视县级融媒体中心建设，早在2018年他就强调，“扎实抓好县级融媒体中心建设，更好引导群众、服务群众”①，为县级融媒体中心走向深度融合指明方向。《中国数字乡村发展报告（2022年）》显示，截至2022年8月，全国已建成运行2585个县级融媒体中心。媒体融合步入改革深水区，县级融媒体中心在发展中仍然存在诸如平台定位模糊、组织结构不合理、体制机制灵活度不足等问题。不过，县级融媒体中心围绕主流舆论阵地、综合服务平台、社区信息服务枢纽三大核心定位，不断强化内容建设，优化平台功能，丰富基层服务，推动技术赋能，努力以平台优势、数据优势、资源优势深度融入基层社会治理、数字乡村建设、乡村振兴发展的大格局之中，成为基层经济社会发展的重要推动力量。

---

* 本文原载于《电视研究》2023年第7期，由田智辉与黄楚新、李一凡合作完成，收入本书时略有删改。李一凡系中国社会科学院新闻与传播研究所博士后；黄楚新系中国社会科学院新闻与传播研究所数字媒体研究室主任、研究员。

① 习近平．举旗帜　聚民心　育新人　兴文化　展形象　更好完成新形势下宣传思想工作使命任务［N］. 人民日报，2018-08-23.

一、县级融媒体中心发展现状

（一）政策制度体系强化引领，样板单位示范效应凸显

2022年，中央有关部门自上而下系统部署，各县级融媒体中心自下而上进行规划。一方面，国家政策层面以全局视角谋篇定向，强化全媒体传播体系建设之于中国式现代化推进的重要意义，并结合网络强国、数字中国、乡村振兴、文化强国等重大议题，明晰了全媒体传播体系和县级融媒体中心建设的道路方向。2022年2月，中央一号文件《中共中央 国务院关于做好2022年全面推进乡村振兴重点工作的意见》再度明确县级融媒体中心为创新农村精神文明建设有效平台载体，突出其在乡村治理现代化以及乡村振兴工作中的重要地位；2022年4月，《关于推进地市级媒体加快深度融合发展实施方案的通知》为地市级媒体融合提供了政策机遇。这一系列文件的出台，以更加系统的制度体系引领县级融媒体中心走向高质量发展之路。

另一方面，各县级融媒体中心不断强化顶层设计，深入推进体制机制、组织架构、管理制度等多维融合创新，尤其是部分改革先行单位主动承担起行业探路者角色，出台相关顶层规划，以自身探索赋能同行业创新发展。如浙江省安吉县融媒体中心发布《安吉县融媒体中心发展战略规划（2023—2028）》，以系统性规划方案引领未来五年深度融合。安吉县融媒体中心借助具有前瞻性、系统性、科学性的顶层规划文件，在复盘和总结自身融合经验的同时，为全国县级融媒体中心高质量发展提供了一定的路径参照。与此同时，县级融媒体中心样板单位的示范效应愈加凸显。福建尤溪、江西分宜等县级融媒体中心经多年探索，形成了一套可借鉴、可复制的融合发展模式，从建设模式输出到技术平台、应用产品、经营模式的复制输出与协同开发，更多细分领域的帮扶联动正在县级融媒体中心悄然兴起。

（二）内容创优动能激发，凝聚基层社会共识

发挥融媒体内容创作和传播渠道优势，推动内容创新创优，巩固和壮大

基层主流舆论阵地，是县级融媒体中心建设的核心要义。2022年，各县级融媒体中心坚持以先进技术为支撑，以内容建设为根本，以引导群众、服务群众为目标，借助多视角、多模态、多渠道的融媒体传播手段，推出诸多富有时代感、正能量、泥土味的优质内容作品，极大丰富了主流价值传播的基层内容版图，在创优创先方面亦呈现突围之势。据统计，在第32届（2022年）中国新闻奖评选中，共有41件区县级媒体作品入围，其中三家县级融媒体中心最终获评中国新闻奖三等奖。[①] 例如浙江省余杭区融媒体中心原创消息《一条“机器鱼”遨游万米深海》聚焦我国深海探索领域重大成果，形象生动地诠释了我国在前沿科学领域的追求与钻研，引起读者对重大科技新闻的关注，取得了良好的融合传播效果。青海省门源回族自治县融媒体中心原创作品《全国首例！获救雪豹“凌蛰”佩戴卫星项圈后放归》呈现了雪豹从被救助到放归的全过程，展示了我国在生态文明建设进程中取得的显著成效。这些参评项目不仅在数量上呈现增长趋势，还覆盖新闻、消息、国际传播等多种参评类别，具有多视角、多样化的特征。而作为全媒体传播体系深入基层的“神经末梢”，县级融媒体中心以“优质内容＋特色活动”双轮驱动，深入推进基层党建，在舆论阵地建设、红色文化宣传、基层精神文明建设方面成效显著。

（三）传播体系建设稳步推进，跨界跨域融合多维发力

随着媒体融合向纵深推进，统筹处理好传统媒体和新兴媒体、中央媒体和地方媒体、主流媒体和商业平台、大众化媒体和专业性媒体的关系，形成资源集约、结构合理、差异发展、协同高效的全媒体传播体系，是各级主流媒体的重要任务。2022年，各地以央地联动、省域联动、市县联动等模式有效推动了县级融媒体中心融入我国四级媒体生态，并借助内容共享、传播协同、技术联动、资源共享、人才帮扶等方式持续激发基层融合传播效能，聚

---

① 第32届中国新闻奖、第17届长江韬奋奖评选结果揭晓［EB/OL］.［2024-05-13］. http://www.zgjx.cn/2022zgxwjjgjx/index.htm.

力打造上下联通、资源协同的全媒体生态效应。全媒体传播体系建设不仅意味着不同层级媒体的贯通联动，也指向不同区域、不同属性的媒体平台之间形成一体化、协同性发展趋势。例如河北省香河县融媒体指挥平台加入中央级媒体智慧平台，并与省、市两级融媒体端口对接的同时，在区域内构建“互联网 + 广播电视 + 报纸 + 网站 + 客户端 + 智能户外 + 楼宇社区”的多平台传播矩阵，形成中央媒体与地方媒体、主流媒体与商业平台全方位联动。

全媒体时代，县级融媒体中心建设逐渐破除媒体本位的视野局限，以基层社会重要组织单元的角色成为区域经济社会发展的重要参与者和推动者。2022 年，部分产业基础相对扎实的县级融媒体中心着力拓展产业经营模式，以区域共生的理念将媒体产业链条向文化创意、教育培训、项目研发等多领域延伸，借融媒体平台优势、资源优势、技术优势助推区域产业经济高质量发展。例如深圳龙岗区融媒体集团与当地高校、美术馆、博物馆等机构跨界合作，助力城市形象塑造和推广，并尝试吸引文创企业入驻或与入驻企业成立混改企业，探寻区域产业经济发展的新模式、新思路。与多元社会主体的广泛联动与深度合作不仅突破了县级融媒体中心自身发展局限，也形成了融媒事业发展与区域产业经济协同发展的良好氛围。

（四）技术要素潜力不断释放，数智融合赋能基层治理

2022 年，各县级融媒体中心挖掘技术要素潜能，积极运用新技术拓展应用功能，提升平台服务，探索深度融合的新模式、新路径、新业态。一方面，创新技术研发与应用，不断提升基层媒体内容生产效率，放大融合传播效能。福建省尤溪县融媒体中心以技术赋能节目创新，积极探索 4K、8K 超高清节目技术应用，研发推出“极存”超高清节目制作存储系统，有效解决了多轨剪辑卡顿、多终端组网共享速度慢、数据存储不安全等超高清节目制作问题，助力市县融媒体以较低成本实现超高清节目创作，并实现在媒体机构、企业、高校、行业部门的广泛应用。另一方面，打破技术壁垒，以融媒体平台为依托推动区域公共服务走向网络化、智慧化、人性化，有效发挥基层治理主体作用。

为提升基层治理数智水平，县级融媒体中心着力发挥技术优势，拓展数

字化应用场景和服务场景，联动地方政府、职能部门、企事业单位，以合作研发、联合共建、平台入驻等方式开发便民数字平台、应用系统，推动政府决策、便民服务实现一网统管、一网通办，打造共建共治共享的基层数字治理新格局。

（五）平台服务功能优化完善，激发乡村振兴活力

2022 年，各县级融媒体中心以新闻主业为依托，不断完善融媒体平台服务功能和服务场景，优化服务质量，力图实现信息服务多元化、政务服务便捷化、民生服务人性化。北京市大兴区融媒体中心与区人力资源和社会保障局、政务服务管理局等职能部门联动，在新冠疫情期间为企业和就业者提供复工复产政策支持、传递企业招聘信息等；安吉县融媒体中心推出“智惠家”线上服务平台，提供数字电视线上开户、缴费订购、报修咨询等线上服务，全方位覆盖本地 13 万数字电视用户，将“有线”网络延伸为“无线”服务。

围绕乡村振兴、农民农村共同富裕等国家重大战略目标，县级融媒体中心探索“媒体 + 文旅”“媒体 + 直播”“媒体 + 电商”等融合模式，构建多样化的基层信息服务生态，推动融媒体服务与基层社会发展、乡村振兴建设相融共促。在探索乡村振兴实践中，江西省分宜县融媒体中心尝试建立“村主播”平台，打造直播团队，常态化开展“村主播”直播工作，推介当地优势产业、风景民俗、特色文化，推动乡村产业振兴、人才振兴、文化振兴、生态振兴，同时将“村主播”作为基层文化宣传的“最后一公里”，推动党的理论飞入寻常百姓家，有力助推乡村精神文明建设与物质文明建设实现双重飞跃。

二、县级融媒体中心高质量发展的实现路径

步入高质量发展阶段，县级融媒体中心应以建强基层舆论阵地、综合服务平台、基层治理主体为重要方向，重构县域传播生态与治理格局，为基层数字化建设、乡村振兴发展注入动力和活力。

（一）筑牢基层宣传阵地，构建全媒体传播体系

县级融媒体中心作为基层舆论引导的主阵地，承担着传播基层主流声音、凝聚基层社会共识的重要作用，应始终坚持引导群众、服务群众的职责定位，发挥贴地性优势，以优质内容宣传党的主张，以全媒体话语启迪基层民智，推动党的创新理论飞入寻常百姓家。尤其面对互联网传播环境，县级融媒体中心要充分建立用户思维，积极对接不同年龄层次、文化水平、职业属性的用户，打造多样化、分众化、精准化的全媒体内容体系和服务体系，满足不同用户群体偏好，将互联网这一传播中的最大变量变为主流舆论传播的最大增量。例如，北京市大兴区融媒体中心在"聚焦十四五献礼二十大"主题宣传中，全方位、全平台、全力度推出包括媒体大兴行、线上答题、原创作品征集、系列动画、短视频、宣讲会等在内的十大主题宣传活动，满足了不同受众群体的接受偏好，激发了全区干部群众奋进新征程、迎接党的二十大的热情。

在立足自身发展的同时，县级融媒体中心也应以全媒体传播体系建设为重要方向指引，融入国家、省、市、县四级传播体系，积极联动不同属性、不同优势的媒体平台形成合力，推进平台自身转型与传播体系建设双向驱动、一体发展。全媒体传播体系的建设路径不仅指向传播机构以及传媒行业的升级转型，更指向社会的深度媒介化。① 县级融媒体中心作为基层社会的重要组织单元，势必将与基层政治、经济、文化发展深切勾连，因此更需顺应媒介化趋势，发挥内容、技术、平台、人才等多方面优势，联动基层政府部门、社会组织、企事业单位等打造覆盖全域的全媒体传播生态和服务系统，真正为基层民生福祉助力赋能。

（二）深化体制机制改革，夯实融合人才根基

面对传播格局的日益变化，县级融媒体中心要想实现高质量融合发展，需着力推进体制先行、理念先行、政策先行，从源头上理顺融媒体中心体制

---

① 黄楚新，李一凡．构建媒体深度融合新图景［J］．新闻论坛，2023（1）．

机制，建立适应于新型主流媒体运转的组织架构、管理制度、业务流程，为融媒体改革释放活力、注入动力。尚处于起步阶段的县级融媒体中心应积极向政府争取政策倾斜与扶持，借政府性公共资源为平台提供基础运转保障，以“早期输血”带动“后期造血”。具有一定发展基础的县级融媒体中心则应持续深化体制机制改革，在保障新闻主业的基础上探索市场化转型，拓展融媒体经营能力和产业发展实力，解决高质量发展过程中的资金紧张问题，破除财政依赖困境，反哺融媒体中心各项事业发展。与此同时，要打破组织管理屏障和人才融合壁垒，制定灵活用人机制，营造宽松人才培养环境，为优质人才畅通发展通道和晋升渠道，夯实融媒体事业发展的人才根基。在体制允许的范围内，尽可能发挥机制优势吸引社会优质人才资源参与到融媒体中心的内容生产、技术研发、市场经营等业务板块，联动不同身份的人才共同打造跨界共融、资源互通的稳定协作关系，形成人才合力，激发可持续发展能力。

（三）发力数字乡村建设，提升基层治理效能

2022 年 1 月印发的《数字乡村发展行动计划（2022—2025 年）》对农业生产经营数字化、乡村网络文化发展、数字治理体系建设等提出明确要求。2022 年 9 月，中央网信办等四部门印发《数字乡村标准体系建设指南》，将县级融媒体中心建设标准纳入数字乡村标准体系，指明了县级融媒体中心助力数字乡村建设的路径方向。

在数字化时代，着力推动公共服务智能化、基层治理精细化、政府决策科学化，发挥基层信息总汇和社区治理枢纽的职责使命，是县级融媒体中心高质量发展的应有之义。一方面，应立足区域数字化转型的大方向大格局，推动融媒体中心建设与区域数字化建设相融并举，积极对接数字乡村、智慧政府、智慧党建、智慧农业等重点项目，以承接、共建等模式加速区域数字化步伐；另一方面，要发挥融媒体平台数据优势和技术优势，建立完善智能化、一体化、人性化的服务平台和应用场景，推动政务服务、社会服务“走向云端”，同时协助当地政府搭建县、乡、村多级覆盖的服务体系，全面提升

基层治理数字化、智能化、便捷化水平。

（四）融入基层社会发展，增添乡村振兴活力

随着乡村振兴战略的实施，县级融媒体中心将聚合内容、技术、资源等多方优势，深度参与到乡村经济发展、产业创新、乡风建设、人才振兴等乡村现代化建设进程中，为乡村振兴发展注入更多活力。

要积极融入基层社会发展，助力农业农村现代化建设。发挥融媒体平台技术要素优势，借助 5G、大数据、物联网等新技术参与推动乡村信息基础设施优化升级以及数字化改造，推动农业农村大数据建设，助力乡村基础设施智慧升级、乡村智慧农业创新发展。

拓展“融媒 +”服务范围，带动乡村产业振兴。联动地方政府、企事业单位、社会组织等开发乡村创意农业、健康养生、智慧文旅等产业新业态，打造高品质的地方特色产业品牌，贯通生产端、销售端、消费端全产业链条，带动农民增产、农业增收、产业增效。同时丰富农村信息消费新场景，为村民提供优质数字文化消费内容，推动乡村特色文化产业发展。

加强乡村精神文明建设，推动乡村文化振兴。定期策划推动多元化、互动性、沉浸式的全媒体宣传内容和精神文明实践活动，带动基层群众主动融入乡村精神文明建设进程，以优质内容启迪民智，以文化服务温润人心，树立基层文明新风。

国外媒体融合发展现状研究*

媒体融合（media convergence）最早产生于科学领域，20 世纪 70 年代才被引入传播学领域。首次明确提出此概念的是美国传播学者索勒 · 普尔（Sola Pool），他认为："媒体融合，就是各种媒体呈现出多功能一体化的发展趋势。"①20 世纪 90 年代以后，数字媒体随着计算机技术的进步而逐渐发展起来。媒体融合被认为是媒体产业、技术网络平台、市场等三个方面的融合。进入千禧年，传统媒体和网络媒体不分伯仲，新媒体异军突起。随着大数据、算法技术的发展，数字化已然成为趋势。新技术不断更迭发展，5G、人工智能、VR、AR 等为媒体融合注入新的动力。未来新闻业将如何发展、体制机制会产生什么样的变化？传播对政治、社会文化、社会整合又会产生怎样的影响……一系列问题还在等着我们解答。

国外媒体融合开始的时间比国内早，且很长一段时间处于领先状态，尤其是美国和欧洲发达国家，很早就出现了新媒体，其发展路径相较于我国年轻化的行业现状更为成熟。如今我国媒体融合正处于深化改革和创新发展的关键时刻，研究国外媒体融合的现状，能为我国未来的媒体融合发展提供借鉴意义。在世界局势大变化的当下，国际舆论场成为各国博弈的战场，研究国外媒体融合无论对我国新闻业本身还是对国家软实力的提升，都有巨大的参考价值。

---

* 本文原载于《现代视听》2020 年第 10 期，由田智辉与肖玉笛合作完成，收入本书时略有删改。肖玉笛系中国传媒大学传播研究院硕士研究生。

① 刘颖悟，汪丽 . 媒介融合的概念界定与内涵解析［J］. 传媒，2012（1）：73–75.

一、媒体融合概念界定

媒体融合是如今传播学中讨论范围最广、含义最为模糊的概念之一。国内外因为研究视角不同，对其界定也有所不同。2003 年，美国学者李奇·高登（Rich Gordon）在《融合一词的意义与内涵》一文中解释了媒体融合在不同传播语境下的 6 类含义：媒体科技融合、媒体所有权合并、媒体战术性联合、媒体组织结构性融合、新闻采访技能融合和新闻叙事形式融合，使人们对媒体融合有了更全面的认识。李奇·高登的这一界定在 2006 年被宋昭勋引入国内，奠定了之后国内学界对媒体融合理解的基础。蔡雯是我国较早研究媒体融合的学者，2009 年她在《角度·视野·轨迹——试析有关“媒介融合”的研究》一文中，将媒体融合定义为：“在以数字技术、网络技术和电子通信技术为核心的科学技术的推动下，组成大媒体业的各产业组织在经济利益和社会需求的驱动下通过合作、并购和整合等手段，实现不同媒介形态的内容融合、传播渠道融合和媒介终端融合的过程。”[①]2014 年是中国“媒体融合”元年，中央通过了《关于推动传统媒体和新兴媒体融合发展的指导意见》，此后陈力丹教授提出用互联网思维推进媒体融合，实现各种媒体资源、生产要素的有效整合，实现信息内容、技术应用、平台终端和人才的共享融通，形成一体化的组织结构和传播体系。[②]

笔者通过综合对比发现，虽然学界对媒体融合没有一个公认的概念界定，但认为其主要包括以下几点：（1）以通信技术、网络技术、数字技术等技术为基础；（2）通过媒体所有权融合；（3）实现不同媒介内容传播形态的融合；（4）传播渠道融合；（5）媒介终端融合。[③] 因此，本文将以以往媒体融合理论为基础，对国外媒体融合的现状做研究分析。

---

① 蔡雯，王学文．角度·视野·轨迹：试析有关“媒介融合”的研究［J］．国际新闻界，2009（11）：87–91.

② 陈力丹．用互联网思维推进媒介融合［J］．当代传播，2014（6）：1.

③ 李良荣．网络与新媒体概论［M］．北京：高等教育出版社，2014：90–98.

二、技术为王：场景化、人工智能与区块链

随着新技术的发展，技术对新闻传播业、社会文化乃至社会变迁的影响日益凸显，技术决定论又再次出现在人们视野中。正如英尼斯所言："媒介赋予了文化特殊的形态或肌理（shape or texture）。传播技术给社会和文化组织都打上了印记。"① 技术是传媒产业发展的根本动力，它将科技作为媒体融合的生产力，是媒体未来转型的重要抓手。

（一）场景三维扩容，增强沉浸式体验

智媒时代，5G 的发展为 VR（虚拟现实）带来了巨大的发展机遇，"新闻在场感"成为未来发展趋势，让麦克卢汉口中的"媒介是身体的延伸"得到证实。VR 新闻最重要的是能使新闻"景观化"，带给用户沉浸式体验。国外媒体很早就开始了 VR 新闻实践。

2013 年，美国《得梅因纪事报》的报道《丰收的变化》，利用 VR 生动表现出艾奥瓦州当地私家农场的历史、现状，并以此引申到美国近年来的农场和社会变迁。后来，VR 在新闻传播中的应用逐渐增多。2015 年，《纽约时报》独立研发了一款名为 NYT VR 的应用软件。为了推广该软件，《纽约时报》和 Google、通用电气等公司合作，免费发放了 100 个由纸板叠成的虚拟现实头套——Google Cardboard，这一项目被认为是"VR+ 新闻"的正式起步。之后，《纽约时报》上线了专门的 VR 新闻频道——VR360，引起全球广泛关注和学习。《纽约时报》还积极探索 VR 的商业模式，将其应用到广告领域。英国广播公司（BBC）在 2014 年和 BDH（英国一家做数字设计和制作的服务机构）联合推出了一款手机应用程序 War of Words，以第一次世界大战为主题，将著名战地诗人 Siegfried Sassoon 的诗《吻》进行 VR 可视化处理。2015

① 凯瑞．作为文化的传播："媒介与社会"论文集［M］．丁未，译．北京：中国人民大学出版社，2019：15–17.

年BBC又利用VR技术拍摄真人秀节目《舞动奇迹》，深受观众喜爱。2015年起，美联社也开始与VR制作公司RYOT合作，在NYT VR上发布了“寻找家园”“儿童难民”“总统大选”等多篇VR新闻报道。2016年2月，美联社又与芯片制造公司AMD达成合作，推出美联社VR门户网站，已发布的作品中包括纪录片、娱乐新闻等。2016年被称为VR技术元年。这一年美国广播公司（ABC）上线了News VR，这可能是全世界第一家利用虚拟现实技术报道新闻的电视台。路透社与三星合作，开始了VR新闻报道的研究。谷歌也推出了VR眼镜和应用平台Daydream。同年，在里约热内卢奥运会期间，加拿大广播公司（CBC）和美国全国广播公司（NBC）都使用了VR技术，给观众带来了不一样的体验。2017年，BBC发表了《VR新闻：新现实？》的研究报告，公布了美国和欧洲VR新闻的发展现状。

围绕场景时代的五种技术力量：移动设备、社交媒体、大数据、传感器和定位系统，国外媒体集团已开始积极布局。[①] 在大数据时代，数据分析和算法可以帮助媒体绘制用户画像，为个性化内容定制和场景推送奠定技术基础。

（二）发展人工智能，满足个性化需求

人工智能技术在新闻传播领域的应用广泛，包括新闻采写、编辑和分发等方方面面。许多传统媒体开始与科技公司合作，利用大数据和人工智能完成信息生产、分发和反馈等环节的革新。例如美联社机器新闻写作平台“Wordsmith”、脸书聊天机器人“Buzzbot”等。一般认为，人工智能的发展分为专用人工智能、通用人工智能与超级人工智能三个阶段，现在还处于第一阶段。专用人工智能能解决特定的问题，比如围棋领域的Alpha Go、扑克领域的Deep Stack。那人工智能在新闻领域的应用到底如何呢?

2014年3月，洛杉矶发生地震，美国《洛杉矶时报》网上发布的第一条

---

① 王芯蕊．国外媒体融合的新趋势与转型路径［J］．中国广播电视学刊，2018（7）：87–90+101.

地震报道就是由机器人写就的。[①] 美联社 2015 年在运用 Automated Insights 与 Zacks Investment Research 两公司的智能技术后，很短时间内就写出了 3000 条智能新闻。美联社与科技公司 Automated Insights 合作，使用 Wordsmith 平台，使用提前编辑好的框架，自动采写财经新闻。人工智能的新闻，最直观的就在生产环节上，即机器生产内容。在选题策划上，编辑和记者可以通过大数据获取新闻线索，并获得用户画像，生产为用户所喜爱的新闻。在具体操作上，人工智能包括语音识别、文本转换等，为记者的工作提供便利。未来，人工智能也许会成为记者的助理，甚至直接代替记者。目前，在自然灾害、金融、科技等方面机器人新闻采写运用得最广泛。

在新闻分发上，人工智能有筛选、分门别类的作用。如今，网络信息爆炸式增长，信息过剩问题尤为严重。为了能迎合市场需求，媒体必须仰仗算法进行分发。《纽约时报》研发的 Blossomblot，通过大数据分析，帮助编辑在《纽约时报》当天发布的文章中挑选出适合在社交媒体平台投放、具有推广效应的内容。Gould Finch 和全球最大的国际出版交易机构法兰克福书展发布的白皮书《人工智能对新闻出版业的未来影响》显示，人工智能支持下的规模化生产正以一种过去难以想象的方式进行。《纽约时报》利用基于 Perspective 的 AI 工具，每天能处理大量评论。过去该报只敢开放 10% 的新闻供人们评论，在人工智能的支持下，所有文章皆可评论。

（三）应用区块链技术，形成人的连接

2008 年，“区块链”的概念首次被提出：通过去中心化和去信任的方式集体维护一个可靠数据库的技术方案。2013 年，区块链技术在海外逐步被投入媒体活动之中。随着近些年的发展，国外已经有媒体将区块链作为底层技术搭建去中心化的平台——区块链媒体。国外区块链媒体主要可以分为两大类：一类是以区块链技术为基础架构的新闻平台，包括 Civil、Decentralized News

---

① OREMUS W. The first news report on the L. A. earthquake was written by a robot［EB/OL］.（2014-03-17）［2020-09-08］.http//www. slate. com/blogs/future_tense/2014/03/17/quakebot_los_angeles_times_robot_journalist_writes_article_on_la_earthquake. html.

Network、Press Coin 等。这些平台的核心在于利用区块链技术去中心化，转变传统新闻内容的生产方式、内容审核方式、用户构成和经营模式，从而生成抗审核的、可验证的、具有透明性的新闻。另一类则是 Steemit、Telegram 等社交媒体平台。用户可以借助平台交流，加密传话内容，平台设置奖励机制，鼓励用户分享优质内容，从而使优质新闻内容不断传播。

通过对以上区块链媒体的类型分析，不难看出：大部分国外区块链技术都应用于信息采集和新闻众筹之中，无论是记者还是用户，都能够向平台贡献自己的讯息，这也是运用了区块链最核心的部分——去中心化。过去人们是串联关系，从上至下传播，信息具有闭塞性。在区块链技术的支持下，人们变成并联的关系，连接使人们有了更多的组合，互联网具有核裂变式的能量，裂变为以个人为主体，这种微粒化社会带来了新的自由度。平台利用人与人之间的这种关系，使用户集结在一起，自由发布内容。Civil 平台可以建立新闻编辑室，任何用户均可在遵守平台规则的情况下成为其中一员。

三、所有权融合：媒体在兼并整合中求发展

所谓媒体所有权的融合，即多个媒体组织通过竞争、兼并，重组成一个媒体集团。近年来，新闻集团、时代华纳集团、华盛顿邮报集团分拆行动频繁，而传媒业内和业外的收购、并购也时有发生，媒体所有权的融合变更正在如火如荼地进行。

（一）收购兼并，集团领跑数字扩张

2000 年，美国在线和时代华纳宣布合并，时代华纳希望借助美国在线的平台优势进军新媒体市场，而美国在线需要时代华纳的有线电视业务弥补不足。这一并购被看作传统媒体和新媒体的天作之合，至今仍是媒体融合史上经典的一笔。

2015 年，日本经济新闻社（以下简称“日经”）兼并金融时报集团（FT），这是亚洲媒体首次收购英美主流媒体。并购后，日经保留了《金融

时报》的编辑部结构，并大量投资新产品，克服文化融合带来的困难。2019年，《金融时报》的发行量首次突破100万，其中8成来自数字订阅。而日经也采取数字化战略，数字订阅量较2015年翻了不止一番。同一时期，《福布斯》杂志也在借助收购向欧洲扩张。2018年，《福布斯》收购英国女性职场媒体The Memo并投资经营。2019年，The Memo受众就从每年50万增加到每年8000万。《福布斯》借机向欧洲进行数字扩张，其在欧洲的团队已从80人增至数百人。美国著名的报业巨头赫斯特集团早已转型成为多元化传媒集团，并仍在追求规模影响倍增。赫斯特集团受众增长主要是由创意才能、数字检测和内容驱动的。近年来，该集团提出“意图内容”（Content with Purpose）的口号，只生产能扩大目标受众的信息内容。为此，该集团成立内容实验室，开发机器人写作，向旗下所有品牌提供跨平台学习机会，生产各品牌所需要的内容。

（二）破产关停，金融业控制美国报业

数字媒体时代，传统媒体的命运不尽相同，也有媒体在转型失败后宣布关停。自2004年以来，美国大约有1/4的报纸已停刊，报业相关的岗位也缩减近半，而在过去15年里，美国报纸的日发行量也下降了约5000万。2020年初，拥有163年历史的美国报业巨头麦克拉奇正式申请破产保护，这也昭示着美国传统报业的衰落。报纸广告价值不菲，谷歌、脸书等数字媒体平台却价格低廉，广告纷纷出逃让纸媒陷入收入困境，濒临破产的报纸只能等待大型资本的收购。传媒经济学家Ken Doctor表示，Alden、Fortress和Chatham组成的金融业股东，几乎控制了整个美国的每日新闻。Fortress投资集团控制着今天的新甘尼特公司，Alden全球资本控制着媒体新闻集团和数字优先媒体集团。美国报纸的金融化、资本化无可避免。

（三）精简核心，创新引领体制机制改革

在数字化转型的过程中，许多传统媒体精简机构，专注核心业务发展。《华尔街日报》先后宣布关闭印度尼西亚语网站、布拉格和赫尔辛基分社，有针对性地减少流量较少的内容输出。BBC 大幅减少管理人员的数量，将从前的 10 个管理层级减少到 7 个，精简部门、层级，让媒体资源更多地回归编辑室。主要面向青年群体的 BBC Three 电视频道也被关停，转而开发更受年轻人喜欢的网络客户端，BBC i Player 的播放量远超过其他平台。

与此同时，媒体将精力更多地放在新媒体的建设上，打造多个融媒体实验室。BBC 新闻实验室采用自动化新闻生产，开展 Salco 项目，在 BBC 新闻网站上创建一定规模的自动化报道所需的工具和程序。《纽约时报》、美国有线电视新闻网（CNN）、时代华纳等新闻集团也纷纷组建新闻实验室，利用其传统优势，保证新闻报道的深度与权威性，并结合互联网化的手法，提高内容生产效率、丰富表现形式。融媒体实验室成为传统报业转型的方向之一，利用内容优势和技术优势，在渠道不足的情况下实现弯道超车。

四、产品创新：丰富内容传播形态

近年来，在全球数字化浪潮下，各种各样的新媒体进入传播领域。新媒体改变了传播的渠道、方式和面貌，和传统媒体之间的界限也逐渐消失。在此背景之下，“融合新闻”成了新闻报道的宠儿。2012 年 12 月 20 日，《纽约时报》推出一次特别报道《雪崩：特纳尔溪事件》，该新闻运用现代化的技术报道了 16 名滑雪爱好者遭遇雪崩的经过，于 2013 年获得普利策新闻特稿奖，成为媒体融合时代一篇具有里程碑意义的新闻报道。新技术可以改变新闻产品的生产方式和传播形态，让更多的人认识到新闻内容是可以将文字、图片、音视频、动画等多种方式结合起来的。媒体融合并不简简单单只是新闻内容分发平台的转移，而是新闻生产方式、传播渠道等各方面都要全面与新技术相融合。

（一）建立新闻实验室，用产品逻辑指导内容生产

新媒体时代，算法、大数据大行其道，传统媒体的内容优势不足以在互联网时代生存，用户也不再仅仅满足内容的“摄取”。当下，怎么结合用户

需求生产出合适的“新闻产品”才是国内外媒体需要去思考的问题。《纽约时报》、CNN、时代华纳等新闻集团纷纷组建新闻实验室，在保持其专业性的同时，提升新闻报道的深度与权威性，努力尝试用互联网化的手法，实现内容生产效率的提高、表现形式的多样化，以便在内容优势相对下降、渠道优势严重不足的情况下实现弯道超车。2006 年，《纽约时报》成立数字技术研发实验室——R&D Lab，负责预测未来几年将会出现的科技创新趋势，并开发应用程序和模型来应对这些变化。BBC 已经将所有的节目、栏目和内容都用产品思维去看待，尝试将其包装成为易于传播、精准推送的互联网产品。

新闻实验室不是简单地由媒体内部员工组建，还将用户囊括进来，以更好地提供新闻产品服务。2011 年，英国《卫报》实施了开放编辑部的测试，它将编辑部所讨论的新闻选题在社交媒体推特上向所有读者开放，允许读者讨论交流，最后根据读者的反馈确定选题。

（二）产品个人定制，实现付费创收

如何实现盈利是传统媒体在数字化转型后的关键所在。为此，美国媒体开始探索付费墙模式。1997 年《华尔街日报》率先试水，2005 年《纽约时报》首次尝试，两年后因网络流量下滑不得不关闭，2011 年再次设立付费墙。2012 年前后，国外大量报纸开始实行付费墙模式，逐步进入以个性化定制服务和用户体验为中心的付费时代。2015 年，美国已有 70% 的报纸实行付费墙。至今为止，《纽约时报》和《华尔街日报》依旧是西方付费模式的典范。

国外成功的付费模式主要源于以下几点：第一，主打优质内容，生产高品质、差异化、个性化的新闻产品。《纽约时报》《华尔街日报》等报纸都是传统的以内容为王的报纸，本身就具有很强的用户黏性，付费模式加深了媒体与用户之间的联系。第二，利用技术，服务生产。《纽约时报》大量投资大数据、人工智能、VR 等先进技术，丰富新闻产品，实现精准推送。同时，深入挖掘数据价值，利用新闻可视化提高新闻阅读体验。第三，拓展数据库，实现整合传播。联合多方机构和个人媒体，搭建新闻实验室，实现信息共享，

在内容上形成传播合力，让用户能在使用媒体期间获得满足。

五、平台搭建：抢占新闻传播主要阵地

平台型媒体（Platisher）概念由乔纳森·格里克（Jonathan Glick）提出，是他在 2014 年将 Platform（平台）和 Publisher（出版商）合并后发明的新词汇，指那些既拥有媒体的专业编辑权，又拥有面向用户平台的数字内容实体。平台型媒体的实质是将算法技术与专业的编辑运作结合起来，打造一个包含了各种规则、服务和平衡力量的良性开放平台。这样的平台往往能够吸引大量用户的注意力。

移动终端、社交平台、搜索引擎、流媒体网站等公司凭借算法推荐、大数据技术已经拥有了大量的用户基础，有着领先的技术优势和零编辑成本。但这些高科技公司缺乏高质量内容生产的基础，不具备内容优势。在这样的情况下，媒体和平台合作成为媒体融合的一个新的突破口。在 2011 年推出的 Snapchat 是一款主打图片分享、“阅后即焚”功能的分享社交软件，成为深受美国年轻人喜爱的社交软件和流行风向标。大量传统媒体为了挽回流失的用户，开始在 Snapchat 上注册账号。2015 年，Snapchat 推出了“Discover”服务，吸引了大量媒体入驻。美国版“今日头条”——Buzzfeed，是一款内容导向型的新型媒体，它充分利用互联网优势，开创出全新的新闻传播模式——新闻聚合。“Buzzfeed”从许多新闻资源中筛选出合适的新闻拉到自己的平台上，早期因为宠物视频爆火，后期也开始购买信息。

平台性质更强的数字化媒体有脸书、谷歌、推特等，都属于大型互联网公司。它们以强大的搜索引擎为起点，后涉及新闻传播领域。这些平台规模巨大，用户群体庞大，吸引大量传统媒体入驻，几乎所有的传统媒体都在这些平台上有自己的官方账号。

六、疫情影响下的报业加速转型

德勤（Deloitte）会计师事务所在一项网络调查报告中研究了新冠疫情如何改变了消费者的媒体消费习惯，调查发现：为了让时间和消费效率最大化，消费者不断订阅、试用和取消流媒体服务。显然，疫情使人们对媒体的依赖度增加了。

（一）大量报纸线下停印，向网络阵地转移

澳大利亚新闻集团于2020年5月28日宣布，将停止印刷旗下100多家地区和地方报纸，将其中大部分转为纯线上媒体。到6月29日，旗下76家报纸将仅提供电子版，另35家报纸将永久停刊。新闻集团执行主席迈克尔·米勒表示，新冠疫情冲击纸媒，“纸媒广告收入是集团主要收入来源，而如今这笔收入加速减少”。可见，疫情影响下，传统媒体或许受到了更大的冲击。我们无法判断这是加速了传统媒体的融合转型还是纸媒的衰落。但可以预见的是，新冠疫情的确向报纸发出了走向数字化的最后警告。

（二）大报数字化内容优质或成最大赢家

疫情限制了出行，人们普遍从互联网获取信息。尤其在疫情高峰期的2020年3月，绝大多数报纸网站都出现了读者大幅增长的现象。四五月后小报的网络阅读量普遍回落，但生产优质内容的大报流量一直较高。Press Gazette的调查显示，建有数字付费墙的对开大报如《纽约时报》《洛杉矶时报》《每日电讯报》《泰晤士报》等，都获得了大量新的付费订阅者。

其中，《卫报》独特的经营模式值得注意。《卫报》长期以来采取不免费也不建付费墙的模式，而是通过会员制和捐赠来获取资金支持。数据显示，2020年3月到6月期间，《卫报》斩获了20万新会员，这或许能为以后新闻媒体的付费模式提供些许借鉴。

（三）流媒体订阅频繁，越来越多的人选择新的媒体和娱乐方式

德勤关于新冠疫情如何改变了消费者的媒体消费习惯的网络调查报告显示：在付费流媒体领域，人们的订购出现频繁加购和解除现象，人们愿意选择网络娱乐方式，但注意力总是被分散，留住用户变得十分困难。不过，这次疫情让新媒体和娱乐公司看到了希望。未来，流媒体或许会成为新媒体领域的新热点，高管们应该利用意外收获，从挫折中复苏并在未来十年蓬勃发展。

下一代互联网：中国新媒体发展的新变局*

在党的二十大即将召开的关键历史节点，时代变革充满复杂性与不确定性，给中国各领域发展带来持续、深刻的现实影响。在此格局下，中国新媒体发展进程也正发生着触达底层逻辑的深刻变化。变革成为 2021—2022 年中国新媒体行业发展的关键词，围绕战略传播、数字经济、元宇宙、网络治理、互联网出海等热点内容，新媒体行业发展成果显著、特点鲜明，展现出巨大活力与创新力，下一代互联网正在走来。

一、我国新媒体发展现状与热门概念盘点

2021 年以来，我国新媒体在网络监管、数字治理、战略传播体系建设、国际传播、元宇宙、数字经济等方面展现出强劲的发展势头，逐渐迈入深度融合与智能融合的新阶段。具体而言，我国网络监管力度持续加大，围绕互联网相关的数字治理呈现出“强监管”的态势，同时正持续推动新媒体战略传播体系建设，在清朗、有序的网络环境与产业基础之上，进一步加强以微传播为助力的国际传播融合建设。此外，元宇宙、Web3.0 的能见度不断提高，逐渐成为赋能未来传播与新媒体产业发展的新兴热门概念，数字经济成为推动建设数字社会的重要引导力与支撑力，新媒体多层级、立体化的传播能力

---

* 本文原载于《传媒》2022 年第 18 期，由田智辉与王丹、黄楚新合作，收入本书时略有删改。王丹系中国外文局当代中国与世界研究院助理研究员；黄楚新系中国社会科学院新闻与传播研究所数字媒体研究室主任、研究员。

在北京冬奥会期间得到充分展现，我国更进一步参与到全球数字治理的过程中，并取得令人瞩目的实际效果。

（一）新媒体战略传播体系助推数字中国建设

2021年以来，互联网和移动互联网红利消退，加速了网络发展周期演进，行业发展起伏加剧，各赛道切换与洗牌速度加快。面对充满变局的行业发展现状，中国新媒体发展需要强化预期管理，从战略层面全方位、体系化谋划行业整体发展，新媒体战略传播体系因此也就成为我国着力构建的前沿体系。构建新媒体战略传播体系，不是分散发展的微观过程，而是站在国家顶层设计的战略高度，将新媒体发展与数字中国建设紧密结合起来，充分发挥新媒体在数字中国建设整体布局与具体领域中的作用，为数字中国建设提供强劲引擎与支撑。

新媒体不断深入数字中国建设的顶层设计，影响国家发展进程。国家有关新媒体发展的政策越来越多，专项越来越细化，新媒体在数字中国建设中的占比越来越重。在重大政策、议题、举措出台之前，我国充分考虑新媒体的发展与影响，满足现实需求。

政务新媒体频频出圈，数字政府形象不断提升。各地方政务号凭借直播连麦、慢直播、打造主播IP、制作短视频故事等方式积累了大量粉丝，扩大了政务新媒体的传播力与影响力，提升了政府移动端的办事能力与效率。“乌鲁木齐市消防救援队”“利津派出所”等官方抖音账号则因为出镜消防员和警员的高颜值带来高流量，账号粉丝量大幅上涨，发布的短视频关注度与互动量高。慢直播、视频短剧等形式也是政务新媒体引发关注的重要方式。漠河市文体广电和旅游局官方短视频账号“漠河文体旅游局”、杭州市西湖区宣传部官方账号“美丽西湖”等通过24小时直播的形式实时呈现当地实景。四平市公安局官方抖音号凭借诙谐幽默的短剧视频进行防疫、防骗等宣传，截至2022年6月27日，账号粉丝量达1877.7万，累计获赞1.6亿。

媒体融合发展助力智慧城市建设，加快推进基层治理体系和治理能力现代化。“城市大脑”是智慧城市建设的核心，各地主流媒体凭借内容生产、信息传播、用户数据等优势在融合发展的战略下，高度参与“城市大脑”建设，一方面拓展业务与经营类型、增加营收，另一方面为智慧城市建设提供技术与内容支持。

新媒体的社会价值不断释放，促进新知识生产与信息技术发展，促进公共文化服务水平提升，促进社会文明程度提高。大疆公司与华东师范大学计算机科学与技术学院合作，推出基于人工智能、机器人、无人机相关课程的教材，为青少年进行泛工科类领域的基础科普教育。

（二）数字经济迈向“脱虚向实”之路

中国数字经济的发展成就全球瞩目，发展数字经济不仅是中国经济发展的现实情况，更是全球经济发展的具体态势。2021 年 9 月 29 日，联合国贸易和发展会议发表的《2021 年数字经济报告》认为，中国和美国参与数字经济的程度和从中受益的能力最强。我国数字经济不仅已形成规模效应，同时依托技术、市场及产业基础等核心要素，充分迸发持续发展的内生活力。

目前，全球经济发展在数字技术的推动与涵养下，加速迈向产业数字化以及数字产业化的重要机遇期和关键窗口期，我国数字经济也正沿着全球发展趋势步入可持续数字化发展的未来。在此过程中，政策赋能与灵活监管为我国数字经济高质量、强潜能、持续性发展提供重要的体系支撑与保障。在《中华人民共和国国民经济和社会发展第十四个五年规划和二〇三五年远景目标纲要》中，数字经济被置于重要位置，这一发展路径的重要性不言而喻，其中更是明确提出，要做好关键数字技术、数字产业化、产业数字化等数字经济发展的顶层设计，以数字化推动我国数字经济、数字社会的进一步发展，释放数据资源的巨大潜能。此外，党的十九届六中全会在《中共中央关于党的百年奋斗重大成就和历史经验的决议》中也明确提出，“壮大实体经济，发展数字经济”。2021 年 12 月召开的中央经济工作会议明确指出，要加快数字化改造，促进传统产业升级。数字经济发展与传统产业升级同向同行，将迸发出新的发展机遇。2022 年初，国务院印发《“十四五”数字经济发展规划》，部署了“十四五”时期数字经济的重点任务，为我国数字经济发展提供关键支撑。总体而言，我国数字经济发展的顶层设计已日趋完善，关于产业发展各方面的融合举措也纷纷出台。与之紧密相关的是，各地方也密集出台有关数字经济发展的政策文件，如 2022 年 9 月 5 日公布的《深圳经济特区数字经济产业促进条例》正是目前我国地方数字经济发展的前沿实践，它将充分激发地区发展优势，推动数字经济切实、稳步发展。

数字技术与实体经济加速融合是我国数字经济发展的重点。2021 年 5 月 27 日，国家统计局发布并实施《数字经济及其核心产业统计分类（2021）》，该项分类清晰地确定了数字经济产业的五大门类，标志着数字经济与实体经济的界定范围得以划分，为二者深度融合发展提供了概念基础。

在前沿技术的牵引下，数字经济与实体经济逐步结合、双向赋能，在技术发展层面是数字技术与工业技术的深度融合，而在产业升级层面则是互联网企业与实体制造企业的有机融合。首先，数字技术的运行逻辑深刻地改变了原有生产力和生产关系的组织模式，进而向传统实体企业输出前沿技术支持与数字化解决方案，为传统实体企业发展带来硬件和软件的共同升级。其次，中国实体经济经过长期发展与壮大，已具备深厚的员工、产品、组织、市场等现实基础，具备如此可达性的实体经济为数字经济提供了多元的、“脱虚向实”的应用场景，从而反过来促使数字技术持续迭代升级，以更好地契合实际需要。最后，数字经济与实体经济深度融合为互联网企业提供了新的经济增长点与发展空间，在内生动力的推动下，一些数字原生企业应运而生。阿里、腾讯、华为等国内云服务厂商均以技术积累与优势实现跨界融合发展，在多方合作的基础上获得深度发展的潜力与资源。

（三）元宇宙与 Web3.0 赋能未来传播

2021 年被称为“元宇宙”元年。元宇宙不是一个新概念，它基于区块链、人工智能及相关硬件等行业技术的发展和互联网市场发展的需求，被认为是数字社会的未来形态，引起广泛关注与讨论。Roblox 是首个将“元宇宙”概念写进招股说明书的公司，其提出了身份、朋友、沉浸感、随地、多样性、低延迟、经济、文明的元宇宙八大关键特征，获得了学界与业界的广泛认可。

元宇宙强调沉浸式体验，是可以提供工作、学习、生活等多场景的平行数字世界，是一个与现实社会相融合的数字社会形态。

互联网行业对于未来发展形态的探索从未停止，随着行业红利逐渐消逝，被称为“价值互联网”的 Web3.0 被寄予厚望。Web3.0 是指基于区块链技术的去中心化在线生态系统，去中心化是 Web3.0 的精神内核。Web3.0 可以实现用户网络行为数据的资产化，不同平台之间的资产可以流动，运行愿景是用户对自身数据掌握所有权。Web3.0 能够有效解决数据型资产归属问题以及用户个人数据隐私和安全等问题。当前，元宇宙产业仍处于探索初期，不论是元宇宙还是 Web3.0，均属于未来。

2022 年，围绕元宇宙与 Web3.0 的竞争愈加激烈，资本不断流入、巨头公司探索、网络监管加入等显示出相关产业发展的强劲势头与活力。来自《福布斯》杂志的文章显示，2021 年，人才和资本大量流入 Web3.0 生态系统，风险投资公司在全球范围内向加密货币初创企业部署了 300 亿美元以上的资金，有近 50 家加密货币初创企业融资超过 1 亿美元。自 2021 年下半年以来，国内元宇宙赛道融资加速。元宇宙领域也成为互联网精英跳槽的主要走向，从互联网大厂来到此赛道的人越来越多。而元宇宙也被媒体机构视为融合发展的方向之一，相关实践探索已经开启。2021 年 11 月，湖南广电“芒果超媒”宣布将以国家广电总局 5G 重点实验室为基础，着力探索搭建芒果“元宇宙”，从“互动 + 虚拟 + 云渲染”等入手探索未来传播形态。

（四）互联网治理“强监管”与“重保护”两手抓

2021 年以来，我国互联网治理进入强监管、严问责、重处罚的时代。2021 年起施行的数据安全法和个人信息保护法，与网络安全法共同构成我国数字安全与信息保护领域法律体系的“三驾马车”，奠定了网络治理的基础。以平台治理为主要对象，网络治理热点议题主要有反垄断、互联互通、网络安全与用户信息保护等。

反垄断与促进互联互通是 2021 年互联网治理的关键词，重拳出击是治理的主基调。2021 年 7 月 7 日，根据《中华人民共和国反垄断法》规定，国家市场监督管理总局对互联网领域22起违法实施经营者集中案件立案调查，案件涉及阿里、腾讯、小桔新能源、惠迪天津等多家涉及多行业的公司。同年11月18日，国家反垄断局正式挂牌，标志着中国反垄断进入新阶段，也释放出互联网行业的反垄断将持续强化的信号。

网络安全事关国家安全，随着网络形态不断拓展，互联网治理需要解决的网络安全问题类型越来越多样，挑战也越来越大。网络数据安全、数据出境安全、未成年人网络保护、用户个人信息安全是目前我国网络安全领域的重点议题与治理方向。

数据安全是互联网安全可持续发展的基石，数据主权正成为大国博弈的新领域。2021年7月4日，国家网信办通报，滴滴出行App存在严重违法违规收集使用个人信息问题。同年12月3日，“滴滴出行”官方微博发文:“经认真研究，公司即日起启动在纽交所退市的工作，并启动在香港上市的准备工作。”

我国网络治理的感知度和敏捷度不断提升，对行业热点、痛点问题的响应、介入与处理的及时性与成熟度越来越高。针对“种草消费”“MCN经济”“流量经济”等热点，国家网信办发布2022年“清朗”系列专项行动十大重点任务，其中包括“打击流量造假、黑公关、网络水军”“算法综合治理”“MCN机构信息内容乱象整治”等专项行动。随着人工智能技术与应用不断发展，世界各国均纷纷制定相关法律政策，规范人工智能技术对社会发展带来的影响。国家网信办等四部门联合发布的《互联网信息服务算法推荐管理规定》，自2022年3月1日起施行。我国积极布局人工智能领域法律体系与制度建设，算法与人工智能领域将是下一阶段网络治理的重点。

（五）新媒体与国际传播走向深融互促

2021年5月，习近平总书记在主持中共中央政治局第三十次集体学习时强调，要深刻认识新形势下加强和改进国际传播工作的重要性和必要性，下大力气加强国际传播能力建设。这一高屋建瓴的表述明确强调新时代国际传播工作的重要性与紧迫性，并为各单位国际传播工作的推进提供理论指向。

当前，我国国际传播与新媒体的融合呈现出滞后性与被动性。站在国家战略的顶层设计高度，把握国际传播与新媒体发展深度融合的实践路径，并着力促进国际传播理念转型，是我国新媒体发展与国际传播能力提升的必经之路。

国际传播工作需要以传播主体与传播方式为突破口，利用新媒体多元主体优势优化国际传播主体结构，构建新媒体国际传播话语体系。国际传播工作倡导的全民外宣与新媒体随时性、随地性、多元化、多视角、多类型等传播特点相吻合。国际传播首要任务是找准着力点，在主体上不断发力，扩大对外有效发声群体数量和种类，挖掘各领域机构与个人潜力，不断在探索中积累经验。企业、社会组织、精英群体、网络博主、公民等都是开展国际传播工作的主体，国际传播需要激发不同主体的主观能动性。国际传播工作需要成立规范化和体系化的传播主体保障与管理机制，确保国际传播国家队与地方队有效发挥合力。

国际传播是长线工作，讲究日积月累，同时更需要把握重要节点，快速提升国际认知度与好感度。面对国际社会关注的热点话题、重大国际事件或者国际会展赛事等，要把握住黄金传播期，将新媒体国际传播工作做到体系化、隐形化、高效化。2022 年北京冬奥会期间，吉祥物“冰墩墩”成为“社交货币”，凭借在短视频平台形成的高热度短时间提升了冬奥会的影响力和中国国家形象。在短视频平台，国外运动员分享奥运村里的冰墩墩；平台推出了冰墩墩系列表情包、动图和《冰墩墩之歌》，大量具有冰墩墩元素的短视频成为热门；与冰墩墩相关的视频内容，如将冰墩墩造型做成馒头、糖葫芦、美甲等也获得了高推送量。短视频上的火爆使冰墩墩成功“出圈”，“一墩难求”促进了吉祥物经济发展，同时也成为提升冬奥会国际关注度的钥匙，使冬奥会的形象更加可爱和多元。

互联网走出去转向模式出海与标准出海。2021 年以来，中国互联网企业采取“立足本土、走向世界”的模式，海外发展“走出去”的规模化已初显雏形。相较于往年，中国互联网企业出海的数量、类型及规模都在持续增长，取得的产业发展成就也更加亮眼。其中最为典型的便是字节跳动旗下的短视频平台 TikTok，在 2021 年美国云网络安全服务公司发布的数据中，TikTok 成为全球流量最大的互联网产品，成功取代谷歌的榜首位置。依托中国本土互联网产业成熟与多元的发展沃土，中国互联网企业国际化发展水平不断提升，诸多公司已将国际化发展置于重要的战略位置，并借助这一发展趋势将技术积淀、产品经验、既有资本等资源外溢，转变为模式引领、品牌价值、国际标准、服务水平的内涵外溢。

目前，我国互联网企业“走出去”的主要方式：一是聚焦国内前沿实践的跨国移植，实际就是试图通过总结自身产业发展的路径及长期积累的资本等综合优势拓宽海外市场，这一实践的目的地多为非洲及东南亚等发展中国家与地区，以此拓宽互联网企业自身的发展空间；二是依托欧美等发达国家的教育和技术优势，将海外技术优势转化为自身的先发优势，以技术领先的前瞻性开拓未来互联网产业的发展想象空间。

值得注意的是，教育、游戏、网络文学等领域仍是互联网企业出海的热门。面对海外国家在线教育市场的巨大需求与有效供给缺乏，中国互联网企业敏锐地将在线教育业务作为当下与未来发展的主要方向。字节跳动的教育出海业务较为成熟，其开发并推出的高中数学拍照搜题 App Gauthmath 目前已在全球 100 多个国家发行，精准切合海外用户教育需求，曾在 50 个国家的教育类应用中排名第一。此外，中国互联网企业还通过投资收购等方式抢占海外在线教育市场，目前也已取得显著成效。而游戏与网络文学在中国互联网企业“走出去”的过程中也不能忽视，在这两方面，中国相应内容娱乐产品的市场份额也在稳步提升，市场潜力在中国互联网企业的良性竞争中被持续释放。2021 在谷歌思维游戏（Think Games）媒体沟通会上，谷歌中国大客户部游戏行业副总裁邓辉指出，2021 年上半年，中国开发者海外游戏市场份额占比达到 23.4%，成为全球第一。

参与和主导国际标准制定有利于掌握行业发展的主动权和话语权，中国互联网出海正沿着国际标准制定的道路发展与提升。2022 年 2 月，《基于区块链的数字藏品服务技术框架》国际标准项目获批通过，这一标准由中国信息通信研究院等机构共同拟定，主要立足于数字藏品发展的市场现状与未来趋势，符合市场有序发展的方向，这同时也是全球首个立足于区块链技术的数字藏品标准框架。基于这一发展思路，我国互联网出海未来要在“高精尖”技术领域逐步发力，着眼于云计算、区块链、元宇宙、5G甚至是6G等领域的国际技术标准，制定符合技术发展逻辑与产业运作逻辑的国际技术新标准，以标准实力展现我国在全球互联网领域的话语权、竞争力及影响力。

二、我国新媒体未来发展展望

2022年是我国进入全面建设社会主义现代化国家、向第二个百年奋斗目标进军的重要一年，中国共产党将召开第二十次全国代表大会。国内外新局势和新发展需求对我国新媒体行业提出了新要求。站在新的发展起点，对新媒体行业未来进行展望并提出相关对策建议，有利于有前瞻性地了解行业发展重点、热点、难点与趋势，对规划发展与问题应对等提供参考与借鉴。

（一）数字化持续赋能“双碳”战略

实现碳达峰、碳中和已成为全球共识，我国从国家战略高度提出了实现“双碳”的具体目标。数字化转型与“双碳”战略具有内在发展的一致性，均强调通过技术进步推进生产方式转型，促进经济社会变革。数字化本身具备整合资源与提供方案的能力，在重新扫描原有生产方式与模式的基础上，助力我国实现“双碳”的重要目标。“双碳”带来互联网行业人才结构优化、产业升级，催生的气候经济将成为数字经济的重要组成部分。

（二）短视频与直播平台更趋日常化、专业化、垂直化

短视频和直播赛道仍是促进网络发展的中坚力量。电商拓展了视频平台的业务类型，成为提升平台经营收入的重要来源。但是，内容建设才是视频平台的核心。短视频平台凭借不断开拓专业化和垂直化内容延迟用户时长。生活记录类、知识讲解类、行业分析类、治愈解压类等视角更新、互动性更强、参与感更好的内容比例有了很大的提升。

（三）互联网资本回归理性

互联网资本为产业转型与经济提速提供了资金保障与技术创新支持，是平台经济发展的核心驱动力。但是，资本的无序扩张会引发互联网垄断，破坏网络秩序与网络安全，影响行业发展。其中，互联网垄断将会导致网络空间中的其他互联网企业生存空间收窄，创新发展的动力被资本垄断的压力所取代，从而导致难以实现网络空间良性竞争与发展的愿景。在此背景下，2021 年我国在互联网资本领域开展多项反垄断措施，并且在未来这类措施将更加细化与精准，积极引导互联网资本与现实社会需要紧密结合，激活产业创新数字发展的潜力。

（四）疫情使数字化社会进程加速

新冠疫情深刻影响了人们的生活方式与习惯，常态化疫情防控使远程办公和线上办公成为主流工作方式。2021 年 5 月，谷歌推行适应疫情状况的混合办公工作模式，依据不同的人员情况，采取办公室工作和远程办公相结合的方式，借助灵活办公实现工作方式层面的“去中心化”。此外，新冠疫情深刻加速人际传播的“离场”，对用户而言数字化生存成为目前的常态，对企业而言，数字化生存成为企业转型发展的重要着眼点。在此基础上，各类企业与部门积极开展数字化与智能化转型，推动自身技术基础与供应体系的建设，实现适应现实生活环境的产品快速迭代更新。同时，以社区团购为代表的本地生活服务也在不断进化，涌现出许多典型案例。

（五）坚持网络发展和安全并重，以可持续发展促进可持续安全

2022 年，我国面临的云安全威胁、深度伪造、勒索软件攻击、加密货币威胁等网络安全问题依然严峻。2022 年 4 月，习近平主席在博鳌亚洲论坛 2022 年年会开幕式上发表主旨演讲，提出全球安全倡议。网络安全是互联网持续发展的基础要素，在这一领域，我国高度重视网络安全相关领域的发展与合作，在发展中提升网络安全水平，以技术发展克服不断涌现的新网络安全问题，并且充分加强政府与企业的安全合作，在双向互动中促进网络安全

走向深化阶段。

（六）互联网新型人才培育亟待加强

2021 年以来，芯片供应紧张成为智能汽车、手机制造等诸多行业发展难题。数字经济发展需要加强高端技术人才和复合应用型人才培养。产业互联网的发展使电子通信、机械制造等行业对网络人才需求激增。我国互联网发展要进一步加强校企合作，提升互联网产业“产学研”一体化程度，聚合校方教育资源以及企业实践资源，共同培养适应互联网产业发展的复合型人才。

（七）群体经济与垂直经济成为数字经济发展新兴力量

数字经济的发展与深化往往伴随着产业结构的明确与细化，不同细分门类的产业应用正逐步迈向多样化与深化阶段，针对不同群体的经济门类成为目前发展的热门方向，如“银发经济”“单身经济”“Z 世代经济”等将成为行业发展风口，蕴含着巨大市场。而“耳朵经济”“非接触经济”“助眠经济”“颜值经济”等基于市场与新媒体发展规律，也显现出较大的发展潜力。

（八）内容创作者经济与网络营销服务机构发展迅猛

创作者经济是指内容创作者在网络上自主发布内容并通过发布的内容获得盈利的经济方式。当前，全球社交媒体创作者市场拥有超千万的用户数量，市场规模更是庞大。与意见领袖不同，创作者经济的主体可以是网络达人或者普通用户。元宇宙的发展促使数字资产的理念深入人心。用户生产视频内容正成为创作者上传的热门类型。数字营销的发展受到技术发展的深刻影响，数字技术的特性赋予数字营销矩阵式传播与多平台联动的条件，在此基础上，内容生产者与平台提供者之间的联结将不断增强，这便是数字营销机构发展的宏阔天地，也将与传统营销模式产生明显分野，是未来发展的重点之一。

（九）虚拟社会研究与实践不断升级

新传播技术的发展与疫情的深刻影响，培养了人们在线办公、学习、生活等数字行为习惯与能力，为虚拟社会的构建打下了坚实基础。虚拟社会探索实践已经展开，例如，数字美妆便已引入虚拟妆容促进线上化妆品销售。感官体验将在技术发展的不断助力下获得长足提升，用户也将在虚拟世界获得沉浸感与临场感的体验，从这一角度而言，以元宇宙为代表的虚实融生产品也是互联网公司将要持续投入的新领域。

（十）数字文明成果由世界各国人民共享

数字文明新时代意味着数字技术与建设理念已渐趋成熟，人类将在全球联结的基础上迈向数字协同的新时代。全球各国需要在技术基础、数据安全与跨境流动、信息保护等方面加强沟通和合作。数字文明成果是“1+1>2”的存在，我国始终秉持数字文明成果与世界人民共享的开放理念，根据数字社会发展现状，着力提升数字社会与数字文明的包容性，实现人类命运共同体的互联网延伸，推动形成和谐、平等、共享的文明格局。

以价值引领不断推进全媒体传播体系建设*

2022 年 10 月 16 日，中国共产党第二十次全国代表大会在北京人民大会堂开幕，习近平代表第十九届中央委员会向党的二十大作报告，报告中提出一系列重要论述，其中有关意识形态工作与全媒体传播体系建设的内容，高屋建瓴地指出了我国媒体深度融合发展需要高度重视并细致研判其新方向。

在党的二十大报告中，习近平总书记明确指出："我们要建设具有强大凝聚力和引领力的社会主义意识形态，牢牢掌握党对意识形态工作领导权。"其中意识形态工作被重点强调，全媒体传播建设在其后也被专门指出，展现出从理念到方法的建设逻辑与解决思路，对我国巩固壮大奋进新时代的主流思想舆论有重要影响与作用。意识形态工作需要全党上下、全国上下毫不动摇坚持并落实，而全媒体传播体系建设则是实现良好意识形态工作的具体方法，两方面相辅相成，共同营造凝心聚气的主流舆论体系。

一、价值引领：全媒体传播体系建设的现实进展

全媒体传播体系建设是顺应我国媒介生态演变与主流舆论阵地建设的系统性路径，同时也是助推实现中国式现代化的声量支撑。在媒介形态不断变化的当下，AIGC、元宇宙等技术概念纷至沓来，对我国既有媒介生态带来巨

---

* 本文原载于《传媒》2022 年第 18 期，由田智辉与陈智睿、黄楚新合作完成，收入本书时略有删改。陈智睿系中国社会科学院大学新闻传播学院硕士研究生；黄楚新系中国社会科学院新闻与传播研究所数字媒体研究室主任、研究员。

大冲击。然而，这些技术变迁归根结底还是立足于内容生产，媒体发展的安身立命之本始终未曾动摇，全媒体传播体系建设就是在顶层设计的高度，将价值引领作为根本，前沿科技作为助力，优质内容作为支撑，多层次驱动我国媒体深度融合发展。事实上，全媒体传播体系建设并不是新概念，早在2019年1月25日，习近平总书记在中央政治局第十二次集体学习中就提出了“四全媒体”的概念，并深刻论述全媒体将“导致舆论生态、媒体格局、传播方式发生深刻变化”。站在百年变局持续发展的当下，这一表述高屋建瓴地印证了媒体深度融合所面临的现状。在此基础上，习近平总书记指出：“要形成资源集约、结构合理、差异发展、协同高效的全媒体传播体系。”几年来全媒体传播体系得到多方面的发展，并产生诸多生态化、前沿性的实效与成果，值得进一步关注、分析。

全媒体传播体系建设立足于主流价值引领，发端于媒体生态重构，落实于媒体深度融合，主要由横向融合发展、纵向结构完善、整体机制创新三个层次构成，进而形成环环相扣的发展格局。站在中国式现代化与媒体深度融合同向同行的历史节点，全媒体传播体系建设一方面需要动态更新理念认知，另一方面也需要着力勾连融合路径。其中理念认知层面主要指的是全媒体传播体系建设的出发点与落脚点，党的二十大报告明确将“社会主义意识形态”与“意识形态工作领导权”作为重要目标，这既表明意识形态工作的重要性，也映照出媒体价值引领在其中的显著作用。换言之，这一目标需要全媒体传播体系予以支撑，在适应智能时代发展的基础上，实现意识形态工作的有效、高效、入脑、入心。2020年9月，中共中央办公厅、国务院办公厅印发的《关于加快推进媒体深度融合发展的意见》明确提出，“以内容建设为根本、先进技术为支撑、创新管理为保障”的全媒体传播体系建设目标，这三方面相辅相成，协同打造具备传播力与影响力的智能融合系统，在“润物细无声”与“敢为天下先”中做好意识形态工作。在报道党的二十大的新闻作品中，人民日报社推出的《百秒说 · 非凡十年》系列短视频关注重大主题，创新表达方式，各领域记者以“快、准、新”的评述，聚焦党和国家事业发展，通过一幅幅生动的实景画面、一个个鲜活的数据，讲述真实、立体、全面的中国，客观呈现党的十八大以来我国的现实成就与历史巨变。该作品将我国发展的可持续性、先进性通过鲜活的报道模式进行传播，实现全媒体传播对意识形态工作的赋能。

对于融合路径而言，全媒体传播体系建设要以内容建设、技术引领及管理创新为核心，实现融合时代的深度发展。内容建设主要指的是媒体单位在深刻理解顶层设计的基础上，进行内容把握与创作。新华社在党的二十大报道中推出《近镜头·温暖的瞬间》，精选党的十八大以来习近平总书记谈治国理政的温暖瞬间，用"特写照片＋创意海报＋音频短剧"形式，生动讲述每张照片背后的感人故事，彰显大党大国领袖亲切随和的人格魅力、情牵百姓的深厚情怀、心系天下的胸襟风范。技术引领则指的是顺应数字时代、智能时代发展的尖端融媒体技术，如 2021 年全国两会报道中，新华社与中国移动达成多方位合作，以 5G、CAVE、MR 等技术为依托，推出"5G+8K+ 新立方演播室"，利用前沿软硬件技术的累积优势成功实现超高清虚拟演播厅建设，在内容形态与视听体验层面实现重要突破。而管理创新则涉及我国媒体四级架构与人才管理体系等方面，在党的十九大到二十大期间，我国县级融媒体中心建设持续发力、有序推进，涌现出诸多成效显著的县级融媒体中心建设范例，其中浙江安吉、福建尤溪、江西分宜等地的融媒体建设较为典型。此外，地市级媒体融合建设也在如火如荼地推进，逐渐弥合此前存在的"腰部塌陷"问题。总体而言，我国全媒体传播体系建设正沿着顶层设计指引的道路有序推进，主流舆论阵地建设也在提升媒体覆盖率、触达率的过程中得以有效实现。

二、纵深推进：全媒体传播体系建设面临的挑战

习近平总书记在党的十九大报告中指出："高度重视传播手段建设和创新，提高新闻舆论传播力、引导力、影响力、公信力。加强互联网内容建设，建立网络综合治理体系，营造清朗的网络空间。"在党的二十大报告中，习近平总书记强调："加强全媒体传播体系建设，推动形成良好网络生态。"可以看

出，我国媒体深度融合转型已从党的十九大报告中所提出的“传播手段建设与创新”转变为“全媒体传播体系建设”，这不仅代表着目标与路径的变化，更体现出我国媒体深度融合需要更加注重体系化、系统化建设，在提升传播手段创新的同时，积极推进各方面建设，实现更为有效的意识形态建设工作与主流舆论阵地占领。表述的变化在某种程度上反映着实际建设方面的期望，“全媒体传播体系”与“良好网络生态”必然要面对复杂的现实形势与问题制约。

（一）体制机制存在一定约束力，全媒体传播体系面临创新不足的境况

全媒体传播体系建设是一项系统工程，需要各部门、各方面进行有机联动，否则很有可能面临发展建设停滞的问题。媒体深度融合转型如果缺乏相应的组织架构与适应机制，就不可能实现全媒体传播体系的有效建设。在我国各级媒体的融合实践中，诸多改革措施被采纳并执行，但大部分政策效果都不如预期，其中的原因主要在于没有触及体制机制的核心，而将改革重点放置于内容生产与信息传播的环节。其中相对凸显的问题便是，媒体事业单位企业化管理的不适配问题。媒体融合的发展目标要求媒体既要做好主流价值引领，又要实现自我造血与可持续发展。其中存在的行政壁垒阻碍创新步伐，绩效考核方式与人才晋升体系也存在不灵活的问题。此外，传统媒体从业者既有的职业观念也限制了媒体转型进程。智能技术发展涌现出新的发展路径，也为媒体发展转型带来用户思维、技术逻辑、垂直类生产等新理念，如 ChatGPT 引发的 AIGC 热潮等，都是需要媒体从业者积极跟进并融入自身融合实践中的。

（二）融合进展存在差距，全媒体传播体系建设不均衡

全媒体传播体系的关键在于“全”，对于我国四级媒体架构而言，各级媒体发展存在较大差距，甚至在同一层级媒体间也存在较大发展差距，纵向与横向的差距共同导致了全媒体传播体系建设的困难。目前，我国中央级媒体已成功实现对各级媒体的引领，如《人民日报》、新华社、中央广播电视总台等，共同以先进理念与实践积累实现对各级媒体的领航与赋能。但是具体而

言，中央级主流媒体的实践经验很难被省级、地市级、县级媒体借鉴吸收，协同拉动作用在这一层面仍旧不显著。此外，对于地市级、县级媒体而言，面对不同地区之间的发展差距，各地的融媒体中心建设也存在较大差距，例如在经济相对发达地区的融媒体能够实现媒体可持续发展，而对于相对落后地区的融媒体而言，有不少长期依靠财政拨款及补贴才能维持媒体运作与生存。从这一角度来看，如何在我国大量的、差异巨大的媒体单位中建立起全媒体传播体系仍旧是需要重点探索的难题，新发展模式还有待在不同地区进行深入挖掘。

（三）平台智能算法优势巨大，主流媒体面临生存与生态双重问题

智能化、平台化是目前传媒行业面对的重要发展趋势，商业平台已在这一风口实现跨越式发展，逐渐成为连接大多数用户的机构。主流媒体在此过程中试图依托自身优质的内容资源与媒体地位进行平台建设，吸引用户，从而与商业平台竞争并实现超越。然而在实践过程中，主流媒体的平台化路径推进较为艰难。如中央广播电视总台打造的“央视频”“云听”等平台，在前期积累一定用户后，实际上陷入难以留住用户的境地，自主可控平台的愿景难以实现对商业平台的超越。对于地方主流媒体而言，自建的平台、客户端在面向本地用户的基础上，难以实现进一步拓展，甚至本地用户也难以持续使用本地平台，信息传播力、影响力在此过程中逐渐流失。因此，如何在商业平台与自有平台之间找到平衡点成为需要持续探索的问题。商业平台依靠智能推荐算法捕获用户注意力和偏好，进而逐渐吸纳大量用户。在此基础上，商业平台的内容生产者往往会利用算法以“标题党”等博眼球的手法进行内容生产，破坏主流意识形态的良好氛围，主流媒体所发布的内容往往无法被平台算法优先推荐，舆论阵地的占领在此生态中可能出现不利情况。

三、加强顶层设计，强化价值引领

全媒体传播体系建设的核心在于把握意识形态主阵地的要求，同时结合

数字时代发展的趋势进行媒体建设与转型发展。具体而言，构建“资源集约、结构合理、差异发展、协同高效”的全媒体传播体系，需要在顶层设计的引领下，实现媒体本身与政策本身的全方位内驱与外拉。在此过程中，不仅要以务实态度推动政策落实，而且要在内容、技术、生态等方面的支撑下，实现全媒体传播体系的价值引领。

（一）加强顶层设计与务实政策相结合，推动建设机制融通的新型主流媒体

全媒体传播体系建设需要长期持续的政策支持，同时也需要各地管理部门保持战略主动，积极推动本地主流媒体的融合转型。在各省的“十四五”规划和 2035 年远景目标建议中，基本将媒体深度融合作为重点推进方面。这也进一步表明，在党的二十大胜利召开的关键历史节点，全国各地将进一步推出与全媒体传播体系建设配套的务实政策，将各个环节的媒体转型发展工作落到实处。对部分地区融媒体单位此前存在的顶层设计与政策落实“两张皮”的情况，需要采取有效措施，以避免今后再度出现此类问题。同时，针对媒体机构内部融合不畅通的问题，需要用创新的工作方法调整媒体架构，建立起适应数字时代发展的中国式现代化机制，从而打造机制融通的新型主流媒体。

（二）促进主流价值与传媒生态相结合，凝聚社会共识

在全媒体传播体系建设的同时需要对主流价值进行严格把关，融合转型并不意味着跟着媒体市场发展“随波逐流”，而是需要积极促进主流价值与传媒生态相结合。主流价值的建构需要明确媒体自身的责任与使命，努力做好意识形态工作，坚守主流舆论阵地，实现主流价值入耳、入脑、入心。主流价值与传媒生态并不是相悖的，主流价值代表的是我国持续、健康发展的前进方向，在全媒体传播体系建设过程中需要深刻把握。媒体需要适应传媒行业的生态变迁，结合不同的叙事方式实现内容体裁的创新，在信息传播的过程中形成社会共识。

（三）促进内容为王与前沿技术相结合，着力发展符合传播规律的内容科技

内容为王是媒体转型始终需要坚持的路径与方向，同时前沿传媒技术也是媒体转型需要把握的重点，二者缺一不可。没有优质内容，媒体就无法实现持续稳健发展，而缺少技术支撑，媒体则容易陷入停滞状态。因此，在具体建设过程中，新基建、人工智能、5G、大数据、云计算等技术的创新应用将在更深层次、更广领域嵌入媒体融合进程，由此将带动媒体融合朝着数字化、智能化方向深入推进。内容与技术深度融合展现的是媒体未来发展的主要方向，需要持续、有针对性地投入。

（四）促进服务体系与数字治理相结合，打造满足人民群众需求的新型媒体

全媒体传播是体系性的存在，因此不能仅站在媒体发展的角度来理解。在未来发展过程中，媒体更多是作为一种信息基础设施存在，因此新闻传播仅是其中的一项功能，围绕信息服务而展开的其他功能将在未来飞速发展。在具体建设过程中，主流媒体应当着力加强自身服务能力建设，积极主动参与到社会治理的过程中，着力推动全媒体传播体系建设，构建“新闻＋政务服务商务”模式。此外，主流媒体还应主动发挥网络生态的引领作用，在日常信息服务的过程中传播主流价值与文化，破除落后庸俗的意识观念，促进积极正向的社会风尚形成。主流媒体也可以同有关部门进行合作，在自身平台基础上借助相关服务与治理的组件，提升自身对用户的吸引力，避免出现大量用户流失的现象。

大变局下的新闻传播实践与研究*

当前，中国处于近代以来最好的发展时期，世界面临百年未有之大变局，两者同步交织、相互激荡，增添了发展的不确定性。这种不确定性给新闻传播实践与研究带来了机遇和挑战。

一、新闻传播实践与研究的机遇

信息传播技术之“变”推动数字化进程加快。2020 年是我国全功能接入国际互联网的第 26 年。当前，媒体融合成为主流，各种不同的媒介借助于计算机技术，在数字化信息平台上实现全面融合；进入 21 世纪以来，人工智能、大数据、量子信息、生物技术等新一轮科学技术革命迅速兴起，催生大量新产业和新模式，媒介在信息技术的更新换代下推动新媒体向智能媒体升级。同时，在 5G 浪潮推进下，全球迎来万物皆终端、万物皆媒介的时代。5G 技术的革新不仅打破了传统媒介的时空界限，也给个人和社会带来了深刻影响，各行各业的数字化进程不断加快。尤其是在新冠疫情期间，人们的生活方式由线下向线上集中，大部分网络应用的用户规模呈现较大幅度增长。在此背景下，这些与新闻信息传播有关的实践与研究被赋予了新的生机与活力。

---

* 本文原载于《中国社科学报》2021 年 1 月 7 日，由田智辉与黄楚新合作完成，收入本书时略有删改。黄楚新系中国社会科学院新闻与传播研究所数字媒体研究室主任、研究员。

全媒体时代，媒体融合是大势所趋。党的十八大以来，以习近平同志为核心的党中央做出推动传统媒体和新兴媒体融合发展的战略部署。传统主流媒体的转型和县级融媒体的建立，拓展了媒体融合的广度和深度，推动全媒体借助新媒体和智能媒体平台将主流声音传播给更多用户，凸显出在新媒体环境下主流媒体“勇于发声、敢于亮剑”的使命和职责。媒体融合在不同地区、不同媒体都有不同的实践方式，这也给传媒转型与创新提供了机会。

时代变化倒逼新闻传播教育改革。为了顺应时代变化，新闻传播学人才的培养体系、学术体系面临调整和重构。国内高校纷纷设立与网络新媒体相关的专业，大数据挖掘、数据可视化乃至VR新闻、编程等课程已经出现在部分高校的专业培养方案中；许多学者、教师纷纷投身于新媒体研究，新媒体研究中层出不穷的各种新问题、新方法、新难题等，也给研究者提供了研究创新的舞台。

二、新闻传播实践与研究的挑战

首先是忽视新闻专业基础，盲目崇拜技术。在由技术革新主导的大变局环境下，部分新闻从业者在新闻传播实践与研究过程中，一味追求技术设备“高、精、尖”，过度强调新闻传播类专业与工科技术型专业的相似性，片面地认为只有通过尖端技术才能打造“爆款”新闻，才能实现专业领域的突破。他们忽视了新闻采访、写作、编辑、评论四项最基础业务的训练和打磨，忽视了新闻传播学作为人文学科的特性，在承担社会责任和提升个人内涵素养方面有所欠缺，难免陷入本末倒置的专业误区。新闻从业者不仅应该熟练掌握专业技术，还应该是一个有思想、有情感、有意志的社会人，而非工具人。先进技术的加持确实能够让新闻传播实践和研究增光添彩，但一定是基于其本身所具有的实践价值与研究价值。

其次是缺乏批判意识，盲目追求新闻时效性。在“人人都有麦克风”的时代，许多专业新闻从业者由于没有坚守新闻的核心价值，缺乏对网络舆论的辨别能力，盲目追求时效性，以热点、爆点吸睛，却忽视了新闻专业的核心要义——客观性和中立性，导致反转新闻越来越频繁。另外，无论是文字、图片或是视频，碎片化已成为当前不可逆转的媒介特征。从短消息到短视频，人们的阅读、交流、思维习惯不断趋于碎片化，虽然碎片化的信息快捷高效，但无形中大大削弱了人们思考问题的完整性、系统性，降低了对于信息的批判意识。新闻传播实践与研究需要透过事件表象对本质进行剖析，对事物趋势进行解读和预判，这就要求新闻从业者具备敏锐的洞察力和严谨的批判意识，由表及里，见微知著。

三、新闻传播实践与研究发展展望

针对目前新闻传播实践与研究的发展现状，未来应积极强化专业基础，发挥专业优势，创新新闻传播实践与研究的发展路径。

夯实新闻从业者的专业基础。无论时代与环境如何变化，新闻传播实践与研究都离不开专业性。新闻专业性强调新闻从业者或新闻媒体具备独立收集、整理、传播信息的功能和责任，在网络化语境下，新闻专业性所强调的客观性、中立性以及新闻道德伦理规范体系仍是新闻从业者需坚守的核心价值。此外，专业性还体现为新闻从业者在新闻采访、写作、编辑、评论、传播等方面的业务能力，这是新闻得以呈现的技术基础。当然，新技术给传媒业带来的机遇也不应忽视。在媒体融合的趋势下，新闻专业技能仅停留于采访、写作、编辑、评论是远远不够的，还应重视传媒技术、新媒体内容生产与运营、新营销模式等能力的培养，以适应新闻传播实践与研究的环境变化。新闻传播的实践与研究不仅基于新闻传播学的理论体系，更涵盖了社会学、政治学、心理学等跨学科的知识领域。而且随着信息传播技术的广泛应用，新闻传播实践与研究的交叉性、包容性、多元性尤其凸显。因此，新闻从业者在夯实新闻专业素养、提高新闻专业能力水平基础上，还应当注重博雅教育，储备广泛的人文社科知识，博览群书，做到融会贯通。

充分发挥社会监测者功能。监测社会环境是新闻传播的重要功能。它要求新闻从业者在具备新闻传播专业精神的基础上，提升批判思维和理性判断能力，发挥社会瞭望者的作用。批判性思维、社会调查的方法和能力等，是新闻从业者准确、深刻、全面地反映社会的方法论基础。面对变化多端的社会万象，新闻传播实践与研究不能仅仅展现其合理性一面，还应该以批判的眼光审视其不合理性，做出多元化的解读，以补充各自思考角度的漏洞。

深度融合技术创新和新闻传播实践与研究创新。技术创新为新闻传播实践与研究带来了新机遇，得到了大量新闻从业者的推崇和追捧。由于信息技术的更新迭代速度远高于新闻传播实践与研究的创新速度，新闻从业者容易陷入“技术为王”“渠道为王”的误区。为了平衡信息技术与新闻传播的关系，势必需要进一步推进技术创新、新闻传播实践与研究创新两者的融合，而高校无疑成为最佳孵化中心。随着中国新闻业媒体融合的深入推进，高校融媒体实验室纷纷引入多种业界领先技术，共同推动媒体融合技术与应用发展。通过技术创新、新闻传播实践与研究创新的融合，新技术推动新闻传播实践与研究进步；而从新闻传播新兴实践与研究中发现问题，有助于促进技术创新，形成良性互促循环的局面。

近年来，在媒体融合的推动下，新闻传播实践与研究抓住技术改变传播、技术改变社会的关键节点，衍生出许多数字化背景下的新闻传播新兴实践与研究，涉及通信、计算机、数据分析等领域庞大而复杂的知识。这进一步加快了信息技术、新闻传播实践与研究的创新融合。技术的不断发展将会持续赋能新闻传播实践与研究，大大丰富和拓宽新闻传播理论研究体系和新闻实践活动种类。

如今，面对百年未有之大变局，我们有必要加快融合技术创新和新闻传播实践与研究创新，厘清新闻传播实践与研究未来发展路径，不断提升新闻传播实践与研究水平。

论中国共产党的新媒体领导力*

2021年是中国共产党建党100周年。党的十九大报告指出，中国特色社会主义最本质的特征是中国共产党领导，中国特色社会主义制度的最大优势是中国共产党领导。习近平总书记在2018年全国宣传思想工作会议上明确提出，要提高新闻舆论传播力、引导力、影响力、公信力，强调加强和改善党对新闻舆论工作的领导，是新闻舆论工作顺利发展的根本保证。新媒体时代，中国共产党对于新媒体发展的重要战略部署，在互联网内容建设和管理中加强党的领导等，都体现了党对新媒体功能和作用的深刻把握。

一、中国共产党新媒体领导力的内涵及研究意义

自中国共产党建党以来，学界从各个角度开启对党的领导力的相关研究，几乎涵盖了社会发展的各个层面。在新一轮技术革命引发传播格局深刻变革以来，党和政府十分关注新媒体领域的发展，始终将党在新媒体领域的宣传治理工作摆在首要位置。未来，新媒体仍将持续发挥引领效应，影响社会前进的方向，因此对党的新媒体领导力进行理论层面的阐释和分析，符合新时代党的理论创新要求，有助于巩固党在新媒体领域的主导地位。

---

* 本文原载于《新闻论坛》2021年第4期，由田智辉与吴梦瑶、黄楚新合作完成，收入本书时略有删改。吴梦瑶系中国社会科学院大学新闻传播学院硕士研究生；黄楚新系中国社会科学院新闻与传播研究所数字媒体研究室主任、研究员。

（一）中国共产党领导力的理论内涵

自建党以来，中国共产党在领导社会主义革命和建设过程中不断推进党的领导的现代化，中国革命和建设才取得巨大成功。中国特色社会主义进入新时代，中国共产党领导人民在社会主义建设过程中不断探索和创新，涵盖领域的广泛性、触及利益格局调整的深刻性、涉及矛盾和问题的尖锐性、突破体制机制障碍的艰巨性、进行伟大斗争形势的复杂性，都是前所未有的，必须进一步锻造党的强大领导力。①

“领导”是领导主体和领导客体交互作用的过程，是领导主体在领导范围内对领导客体施加有效影响并实现领导主体目标的过程。这里，“领导主体”“领导范围”和“领导客体”是构成“领导”的三个基本要素。而“领导力”则是在“领导范围”内“领导主体”对“领导客体”施加有效影响的能力。②毛泽东同志曾提出：“党政军民学，东西南北中，党是领导一切的。”党在十八届三中全会上指出：“全面深化改革的总目标是完善和发展中国特色社会主义制度，推进国家治理体系和治理能力现代化。”党的十九大报告也强调：“要坚持和加强党的全面领导，坚持党中央权威和集中统一领导，坚持党对一切工作的领导。”

由此可见，在党的领导力内容不断建构与丰富的过程中，党的领导力的范围被定位为“对一切工作的领导”，即全面领导。③党的领导贯穿于国家治理的各个环节，体现在社会发展的方方面面。因此，在中国共产党全面领导的视域下，党的领导力不单单指党的执政能力，更多的是指党的领导在政治、经济、文化等领导场域中体现出的现代化综合治理能力。

（二）中国共产党新媒体领导力的概念界定

中国共产党自成立起，就非常重视新闻媒体的政治宣传作用，始终坚持

---

① 冯秋婷．新时代中国共产党领导力专题研究［J］．中国井冈山干部学院学报，2019（3）：47–48.

② 李君如．中国共产党全面领导视阈下的领导力［J］．中国领导科学，2018（4）：13–18.

③ 郭一宁．党的领导力研究十年：回顾与展望［J］．领导学研究，2020（2）：10–13.

党媒姓党、媒体党性与人民性相统一等原则。媒体不仅是党、政府和人民的耳目喉舌，而且是动员和组织群众的重要舆论工具。它不仅承担着推动经济发展、提升人民素质、培育社会公德、促进社会和谐等方面的重要任务，还作为党和政府与人民之间的重要桥梁和纽带，在反映社情民意以及上情下达方面担负着重要职责。

随着互联网、智能手机等新兴传播媒介的普及，新媒体逐渐成为思想集散地和舆论主战场，党对媒体的领导也在与时俱进。新媒体已逐渐成为党和政府进行社会治理的重要资源和工具，党和政府通过新媒体宣传政务信息、引导正面舆论、创新社会治理，人民群众通过新媒体获取多元信息、表达利益诉求、参与网络监督，由此可见，新媒体已成为党和政府与人民群众之间重要的信息沟通渠道和意见交流途径。新媒体领导力既是执政党领导力的重要组成部分，也是中国共产党永葆旺盛生命力和强大战斗力的重要保证。中国共产党的新媒体领导力是在新媒体环境下，党指导媒体、管理媒体以及运用媒体的能力。具体来讲，党的新媒体领导力包含党的媒体创新能力、舆论引导能力、媒体融合能力以及网络治理能力等四个方面。

（三）中国共产党新媒体领导力研究的意义

新媒体时代，5G、大数据、区块链、人工智能等技术快速发展，社交媒体、短视频、直播电商等互联网新业态层出不穷，媒体格局和舆论生态正在重塑，经济、社会、文化等多维革新缔造出新的人际交往方式、生活方式以及消费方式，人们的心理状态、思想观念的变化也呈现多元化、复杂化特点。而新媒体传播在虚拟社会拓展公众获取信息渠道的同时，也给党和政府的社会治理带来挑战：国家安全威胁日益凸显、主流意识形态面临冲击、社会价值观念发生混乱、舆论格局日趋多元复杂、组织动员模式遭遇重构、传统社会治理模式面临困境。只有尽快适应并熟悉新环境，掌握新规律，方能保证党对新媒体领导地位的巩固，保证国家安全和社会大局的稳定。因此，在这样关键的时刻，提出并分析中国共产党新媒体领导力这一概念，不仅符合理论创新的需求，对于国家提升治理水平更是具有一定的战略意义。

1. 创新发展马克思主义的现实需求

当前世界正处于百年未有之大变局，统一思想，建设具有强大凝聚力和引领力的社会主义意识形态任务之艰巨前所未有。新媒体的崛起虽然加剧了世界秩序的重塑，但也为治理机制的创新与完善带来了新的机遇。这就要求我们“要坚持用马克思主义观察时代、解读时代、引领时代，坚持在改革中守正出新，在开放中博采众长，不断深化对共产党执政规律、社会主义建设规律、人类社会发展规律的认识，不断开辟当代中国马克思主义、21世纪马克思主义新境界”①。

2. 提升国家现代化社会治理水平的必然要求

中国特色社会主义已经进入新时代，社会主要矛盾深刻变化，经济社会深刻变革，利益格局深刻调整，社会治理对象愈加隐蔽化、复杂化和多元化，社会治理的难度不断增加。在系统且复杂的任务面前，党必须具备与之相匹配的信息传播能力，其核心是发挥新媒体的积极作用，实现社会治理由场景化向生态化发展。将新媒体技术的发展和应用同党的全面领导相结合，为社会治理提供新的思路。因此，研究党的新媒体领导力，增强党对新媒体工作的学习、运用和治理能力，能够加强治理主体的运转机制建设，推动国家现代化治理水平的提升，使社会治理朝着共建、共治、共享的方向发展。

二、中国共产党新媒体领导力的主要内容表征

新媒体环境下，党对媒体的指导、管理和运用涉及多形式、多手段、多环节、多渠道，这就决定了党的新媒体领导力本质上是一个综合、系统的能力体系。随着新媒体的快速更迭，新媒体领域的不确定、不稳定因素增加，厘清党的新媒体领导力的具体构成，对新形势下党的新媒体领导力的建设与提升极为必要。从以往经验来看，中国共产党在新媒体领域的领导力主要表

① 习近平．不断开辟当代中国马克思主义、二十一世纪马克思主义新境界［M］// 习近平谈治国理政（第三卷）．北京：外文出版社，2020：74-76.

现为媒体创新能力、舆论引导能力、媒体融合能力和网络治理能力四个方面。

（一）党的媒体创新能力

纵观中国共产党的奋斗历史，改革创新是党始终坚持的发展原则，也是党能够永葆先进性的强大动力。党的十八大提出“建设学习型、服务型、创新型马克思主义执政党”的重大命题，这既是中国共产党应对新变化进行自我更新的结果，同时也是提升党的适应能力的重要举措。党的媒体创新能力主要体现在以下几个方面。

1. 渠道创新

自 1994 年我国正式接入国际互联网，为更好地开展党的新闻舆论工作，多家党媒开始涉足新兴媒体业务，如 1997 年成立的新华网、人民网，1999 年成立的中新网等，与新浪、腾讯、百度等商业新兴媒体的创办时间基本处在同一时段。近年来新媒体发展对传统媒体的优势地位形成了不小的冲击，为巩固和拓展宣传舆论阵地，党和各级政府积极推动媒体融合，主流媒体也积极转变观念，实行自我革命，不断进行有益的探索。《人民日报》《光明日报》《中国日报》和中国新闻网等相继上线移动客户端，探索新媒体运营模式并不断改进；新华社创办新华社新媒体专线，全力打造国内最大的党政客户端集群，同时在微博、抖音等社交平台开设多个账号，以多媒体矩阵为不同用户群体提供各类服务内容，在渠道融合创新方面实现跨越式发展；中央广播电视总台全力推进台网融合，先后提出“网台一体、以网带台”“先网后台”等发展思路。社交媒体的快速发展也为传统媒体注入新活力，《人民日报》《中国日报》、央视新闻等传统媒体积极入驻微博、微信、抖音、快手等社交平台。除此之外，《人民日报》、中央广播电视总台依靠长期积累的资源和品牌优势，先后推出央视频、《人民日报》+ 等具有央媒特色的短视频平台，新渠道影响力不断提升。

2. 内容创新

新的渠道需要新的内容，内容生产和创新是新媒体时代生存发展的根本。《新闻联播》作为国内关注度最高的传统媒体新闻栏目，在中国政治、社会生活中发挥着极其重要的作用。但对于早已熟悉和适应数字化生活的“指尖”一代,《新闻联播》等主流节目的吸引力却在逐渐降低。近年来,《新闻联播》积极进行媒体融合实践,既重视内容品质的提升,又寻求新媒体传播创新突破。2019 年 7 月 29 日,中央广播电视总台新闻新媒体中心正式推出《主播说联播》短视频栏目,以全新的内容和创新的表达获得了公众的关注,放大了《新闻联播》主持人 IP,做到了“人格化”传播,实现了品牌突破。

3. 技术创新

随着 5G、大数据、人工智能、区块链等互联网技术的快速发展和应用,媒体产业进入智能时代,传统媒体积极强化互联网思维,凭借技术创新补齐短板。《人民日报》于 2019 年 9 月发布的 7.0 版客户端推出“主流算法”,以质量把控、智能分发、精准反馈的特点,构建主流价值引领的推荐系统,纾解互联网市场中的算法焦虑。2020 年“两会”期间,新华社首次采用 5G 全息异地投影同屏的采访方式,讲述一系列全国人大代表履职的故事。此外,新华社还联合搜狗推出全球首个 3D 版 AI 主播“新小微”,与前一代 AI 合成主播相比,“新小微”实现了从单一景深机位到多机位多景深、微笑播报到多样化精微表情播报等进步,播报形态可通过不同角度全方位呈现,立体感和层次感明显增强。随着 3D 虚拟场景的不断拓展以及人工智能技术的持续驱动,“新小微”可实现功能的自我更迭,未来还将走出演播室,在更多场景中更好地满足新闻呈现的多样化需求。

传统媒体要适应不断变化的传播格局,就必须在坚持守正创新的同时加强自身建设,通过不断地创新和改进,完善自身体制机制,以优质内容提升自身实力,有效地提高媒体的适应能力。实现新媒体的创新突围,建设创新型马克思主义政党,提升党对复杂环境的适应性,这也是中国共产党新媒体领导力建设的价值归宿。

(二)党的舆论引导能力

智媒时代,网络舆论主体日趋多元化,舆论表达的丰富性逐渐增强,网络舆论场呈现复杂性、冲突性、难控性等特点。新媒体作为社会热点事件曝光的主要平台，已经成为舆论产生和发酵的主要阵地，传统媒体在引导舆论方面面临诸多机会和挑战。因此，能否把握正确舆论导向是衡量党的新媒体领导力的重要标准。

首先，舆情预警能力是牢牢占据舆论阵地的必要条件。互联网是中国共产党长期执政面临的“最大变量”，能否将这个“最大变量”转化为“最大增量”，是党长期执政需经历的重大考验。因此，新闻舆论工作者应利用新媒体传播规律，加强对舆论的实时监测，让舆情管理常态化；利用网络舆论监测系统，实时了解互联网舆论动向；尤其在面对突发性事件时，不仅需要及时了解事件动向，主动发声，更需要认真研判舆论倾向和发展态势，坚持新闻的真实性与客观性原则，对事件做出深入、权威的解释和评论，保障信息的质量和深度，引导舆论向积极正确的方向发展。

其次，发挥政务新媒体的传播优势是牢牢占据舆论阵地的重要力量。政务新媒体不仅是政务信息的“发布墙”和“扩音器”，还是提供便民办事功能的服务者，作为主流媒体运用新技术建立的全媒体传播体系，其基本功能是“舆论引导、思想引领、文化传承、服务人民”。自 2018 年国务院办公厅印发《关于推进政务新媒体健康有序发展的意见》以来，政务新媒体运营整合升级，媒体属性和服务性均有所增强，尤其是新冠疫情发生以来，以政务微博、政务短视频为主要阵地的政务新媒体广受关注。面对突发疫情，它们增加权威信息的发布频次，通报疫情信息、发布防控政策、科普防疫知识、及时有力辟谣，耐心回应群众关切，提升服务的针对性和专业性，以此引导群众做好隔离防护，引导企业积极复工复产，成为疫情期间重要信息传播与服务的中坚力量。政务新媒体的宣传和服务能力不但展现出新媒体时代党的强大领导能力，也体现出中国共产党走网上群众路线的坚定决心。

（三）党的媒体融合能力

人类的传播是在不断融合中演进的，进入互联网时代，这种融合有了质的飞跃。新媒体时代互联网产业与传媒产业将加速融合。[①] 在这样的背景下，中国共产党高瞻远瞩，从国家战略、政治战略层面定位媒体融合目标、推动媒体发展。2014 年媒体融合上升为国家战略，媒体融合的深度和广度不断拓展并取得显著成效。2019 年 1 月 25 日，中央政治局在人民日报社就媒体融合的主题进行集体学习，习近平总书记在学习会上强调“要运用信息革命成果，推动媒体融合向纵深发展”。2020 年 7 月，中央全面深化改革委员会第十四次会议强调，推动媒体融合向纵深发展。从党中央的重要会议和指示精神来看，媒体融合是党和国家发展的现实需要，媒体融合能力是党的领导能力在全媒体时代的重要体现。

在深度融合背景下，主流媒体坚持正能量是总要求、管得住是硬道理、用得好是真本事的方针，大胆创新，立破并举，迎难而上，壮大自身，着力打造具有一定竞争力的新型主流媒体，不断生产具有强大影响力的新媒体产品。同时，在推动媒体融合纵深发展的过程中，各地在各级党委和政府的指导下建成一批服务群众、引领群众的优秀县级融媒体中心。作为推进媒体深度融合的新探索，人民日报社 260 多名编辑记者按照“兴趣化组合，跨介质协作，项目制施工”模式，先后组建了 40 多个融媒体工作室，“麻辣财经”“一本政经”“侠客岛”“学习大国”等一批融媒体工作室品牌广受关注。中央广播电视总台上线“全国县级融媒体智慧平台”，基于央视新闻移动网的平台应用，在其客户端“央视新闻 +”开设“最前沿县级融媒体”入口，从节目研发、技术支撑、内容分发、媒资共享等方面为县级融媒体中心赋能，助力县级融媒体中心形成渠道丰富、覆盖广泛、可管可控的移动传播矩阵。

（四）党的网络治理能力

新媒体的快速发展不断呼吁党和政府网络治理能力的提升以及网络综合治理体系的建构。利用新媒体实现社会治理的智能化和信息化，创新治理理

---

① 黄楚新 . 互联网 + 媒体：融合时代的传媒发展特征［J］. 新闻与传播研究，2015（9）：107-116，128.

念，丰富完善治理体系，是增强党的社会治理能力框架要求下的重要一环。中国共产党积极利用新媒体的各项发展成果，不断提升网络治理能力，逐步完善网络综合治理体系，稳步打开网络治理新局面。

长期以来，互联网的管理政出多门，令出多门，形成“九龙治水”的管理格局。从20世纪90年代末开始，党和政府对互联网管理架构进行多次调整，总体来看，主要是产业部门、文化部门、公检法等机构构成了中国互联网治理的多头。直至2014年中央网信办的正式成立，开启了中国互联网治理建设新元年。中央网信办成立以来，相继出台《互联网用户账号名称管理规定》《移动互联网应用程序信息服务管理规定》等，开展各类净网专项行动，强调重基本规范、重基础管理，强化属地管理责任、强化网站主体责任，努力提升治理和发展成效。回顾中国互联网从无到有、从小到大、从弱到强的历程，不难看出中国共产党始终发挥着规划者、组织者、推动者和领航者的关键作用，20多年互联网的建设和治理经验不但体现出党和政府对互联网建设的重视，也证明了互联网管理纷繁复杂，非攥指成拳难以见成效。

在互联网技术的驱动下，数据已经成为目前创新和提升网络治理能力的重要资源，以大数据、数据挖掘等为代表的治理技术已升级为网络治理的专业范式。党和政府依托新媒体，精准运用数据治理，有效提高了网络治理的专业化水平。新媒体不仅是内容生产者、信息传播者，更成为后疫情时代信息流动的最重要渠道和平台，如何运用新媒体资源，强化网络治理手段，为公众提供清朗网络空间，是党和政府面临的新考验。

三、提升党的新媒体领导力的举措

中国特色社会主义建设进入新时代，党对媒体的领导面临新的挑战。提升党的新媒体领导力是党为适应新时期内外部环境变化做出的必然选择。根据新媒体时代国家治理现代化的基本要求和新媒体领导力的内在逻辑，全面提升党的新媒体领导力，需要从以下几个方面来努力。

（一）讲好后疫情时代的中国故事，赢得国际认同

尽管疫情后的世界不大可能会有根本性、颠覆性的不同，但疫情对世界经济、安全和全球发展态势产生了重大影响，并将加速国际秩序和人类社会面貌的演变。[①]一些西方媒体借新冠疫情等问题抹黑中国、“唱衰”中国，引发国际社会对我国的偏见和打压。在这样复杂的形势下，尤其需要利用互联网讲好中国故事，推动构建人类命运共同体，提升中国共产党在国际上的新媒体领导力。

自疫情发生以来，面对国际舆论场针对中国的抹黑和造谣，新闻舆论工作者冷静应对，有效利用新媒体传播优势，通过视频直播、连线报道、短视频评论等形式，介绍中国抗疫经验和举措，及时辟谣，回应国际关切，引导社会客观公正评估疫情并冷静正确应对局势，表达中国政府积极开展抗疫国际合作的立场和行动，呼吁国际媒体加强合作、同向发力，凝聚起国际合作抗疫的正义力量。在后疫情时代，大国竞争加剧、逆全球化升温、民粹主义思潮蔓延等问题更加显著，因此，塑造良好的国家形象，把一个生机勃勃、充满自信、立体真实的中国展现给世界，是党的宣传媒体的一项重要任务。

讲好中国故事，最重要的是创新党的话语表达。要研究国外不同受众的习惯和特点，采用融通中外的概念、范畴、表述，把我们想讲的和国外受众想听的结合起来，把“陈情”和“说理”结合起来，把“自己讲”和“别人讲”结合起来，使故事更多为国际社会和海外受众所认同。[②]要积极创新党的媒体信息传播的话语体系，善于把科学理论转化为通俗易懂的朴实道理，把文件语言转化为生动鲜活的群众语言，多讲述打动人、吸引人的故事，多提供一些实质性的信息内容，更加注重平等交流、双向互动，提升新闻报道的接受度、亲近度，增强主流媒体话语体系的亲和力、渗透力。

（二）落实“党管媒体”原则，平衡资本逻辑

算法推荐作为一项先进的大数据技术，通过个性化推荐，能够高效应对

---

① 疫情与变化的世界：对新冠肺炎疫情的十点观察与思考［N］. 第一财经，2020-06-02.

② 习近平新闻思想讲义（2018 年版）［M］. 北京：人民出版社，学习出版社，2018：167.

冗余信息的分发危机难题，但它对人们互联网行为习惯的负面影响也越来越显著。算法是技术，更是权力，它正在通过与资本的“联姻”消解用户权利，制造“信息茧房”，给共同价值的形成增加难度，给主流媒体引导舆论带来挑战，影响互联网新闻业界生态，导致内容监管困境，从而引发社会治理危机。总的看来，虽然智能算法推荐个性化程度高，在一定程度上实现了资源的优化配置，但其带来的社会治理挑战与舆论引导问题，值得党和政府更多地关注和思考。

首先，管理部门应划定算法平台底线，始终把“党管媒体”原则贯穿平台发展始终。算法时代，应明确算法在各类平台的边界以及行为规范，针对由算法导致的群体对立或仇恨言论等问题出台法律法规，同时密切关注平台的传播动向，不能任由算法野蛮生长，由资本逻辑消解共同价值。其次，平台应加强主体责任意识，强化内容管理，将主流价值嵌入算法技术。智能算法不能取代整个内容的生产与传播过程，内容分发管理应遵循价值观先行原则。在内容生产环节，各大平台需要承担起主体责任，组建更强大的内容队伍，加强对内容提供者的资质以及内容本身的专业审核。此外，应有意识地使平台汇聚并发出不同的声音，保证新媒体平台的信息质量，避免劣币驱逐良币。在智能算法中，也应加入受众提醒功能。如用户长期阅读某一领域的大量同质化内容时，平台可通过弹窗等方式进行善意提示，或通过改进算法机制智能推送一定比例的异质化内容。最后，在算法机制下主流媒体应以内容创新平衡资本逻辑。当下，智能算法给主流媒体舆论引导带来很大冲击，但作为“基础技术”，算法与传播的融合是大势所趋。因此，面对社会技术的发展，主流媒体只有不忘内容创新的初心，与时俱进，与技术发展趋势融合并进，才能完成自身转型，助推平台商业属性和公共属性的平衡，实现共赢。

（三）推动新媒体空间多元舆论生态场的建构

在新媒体传播格局下，舆论生态呈现多元复杂态势，管理逻辑已难以适应网络空间中舆论生态的逻辑转型。党的十八届三中全会提出“全面深化改革的总目标是完善和发展中国特色社会主义制度，推进国家治理体系和治理能力现代化”。因此，党对于舆论的引导早已从管理逻辑转变为治理逻辑，治理意味着要将舆论场看作主流舆论与其他多元舆论共存的生态空间，增强治理制度的包容性。

建立沟通平台，保障多元舆论生态场的健康有序。在新传播格局下，价值观念多元多样，社会意识复杂多变，各种社会思潮在新媒体领域相互激荡。因此，需要建立一个开放包容的沟通平台，允许不同的声音进行交流，激活社会各层次的意见表达和协商机制。后疫情时代，由于现实社会文化生活的缺失以及新媒体第三人效应显著，网络宣泄与对抗成为全球性问题，脸书、新浪微博等多个社交平台均面临仇恨言论治理危机。当前的处理难题在于删文和封号不但不能有效消除仇恨情绪，还会激发更多的不满和对平台的抵制。堵不如疏，建立制度性的沟通平台，从舆论生成环节介入，给多元舆论构建更通畅的交流机制，使主流舆论在协商环境中与多元社会舆论实现共存与和解，这是网络空间舆论治理的源头保证。

加强对网络舆论的分类引导，增强治理制度的包容性。针对重大社会议题，应该充分利用新媒体传播的特点，对于不同形态的网络舆论进行分类回应。对于诉求型舆论，应适应协商民主的基本原则，积极吸纳社会公众的合理意见，进行创新性整合，使之成为社会共同价值中的一部分；对于宣泄型舆论，要兼顾“敢于回应”与“善于回应”，以真相为基准，既吸纳良性意见，又反击恶性谣言；对于颠覆型舆论，重在理性引导，对少数严重的虚无主义言论应运用“共同建构”的社会规范加以限制。[①] 治理的同时要兼顾制度的包容性。在当下出现的网络群体事件中，存在大量无利益冲突者被裹挟的情况，有些是与社会结构分化有关，有些与媒介素养有关，有些只是简单的从众心理。对于此类情况，新媒体无形中成为社会的黏合剂和缓冲阀，起到调节社会情绪、避免社会动荡的重要作用。因此，治理过程中应根据实际情况，对不同的舆论进行科学界定，不能采取简单的“一刀切”政策，应将正

---

① 李宗建，程竹汝．新媒体时代舆论引导的挑战与对策［J］．上海行政学院学报，2016（5）：76–85.

当的利益诉求、文艺批评等言论包容在特定的表达渠道中。

（四）整合各学科优势资源，打造新媒体人才培养新模式

占领信息制高点，关键在于人才。新媒体的不断发展，媒介融合的持续深化，对新闻传播人才的培养提出了更高要求。立足当下传播格局与传媒业态，要增强党的新媒体领导力，必须借助各学科优势，优化新媒体人才培养模式，打造一支既深谙新媒体传播规律，又能够为党和人民服务的人才队伍。

当前，要培养坚持正确政治方向、具备新闻专业精神、适应新媒体环境的新型人才，必须转变传统思维方式，创新新闻传播人才培养模式，整合各学科优势资源，延续多学科领域的研究传统，培养适应新时代新环境的跨专业人才，更好地发出党和人民的声音。坚持理论与实践的融合创新，重视业务能力培养，既要掌握最新的学科理论前沿知识，又要具备丰富的实践经验，洞悉新媒体与社会的关系，以满足社会需求。总体来说，就是要按照政治强、业务精、作风正的要求选好领域带头人，大力培养具有跨专业背景的新媒体专业人才和熟悉新技术、新媒体的新型领军人物，以人才优势彰显党对新媒体的领导优势。

数字化时代官员直播带货特点及问题*

2020年初，受新冠疫情防控影响，各地的线下销售和实体经济受阻，国家统计局2020年发布的数据显示，第一季度国内生产总值同比下降6.8%，经济下行压力持续加大，经济本就落后的偏远地区更甚，对脱贫战役中通过扩大耕作种植面积增加经济收入的地区来说更是雪上加霜。为了能早日完成新时代脱贫攻坚的目标任务，各地领导干部从办公大楼走向田间地头，从发布政策到实地叫卖，为当地土特产代言，解决滞销难题，直播电商市场迎来一波“官员直播”热。

中国互联网络信息中心（CNNIC）发布的第47次《中国互联网络发展状况统计报告》显示：我国网民规模为9.98亿，其中网络直播用户规模达6.17亿，每3个网民中有两个观看直播。① 电商直播的营销方式成为数字经济时代的新型经济业态。数字化时代，官员直播乘东风而起，成为政府与民众之间沟通交流的新渠道，也代表着政府形象的平民化，拉近了政府、企业与民众之间的距离。据商务部统计，2020年第一季度电商直播逾400万场次，超100位领导干部走进直播间带货推销。2020年4月习近平总书记在陕西考察时来到商洛市柞水县小岭镇金米村培训中心的网上直播卖货平台前，他表示：“电商作为新兴业态，既可以推销农副产品、帮助群众脱贫致富，又可以推动

---

* 本文原载于《出版发行研究》2021年第7期，由田智辉与王雅平合作完成，收入本书时略有删改。王雅平系中国传媒大学互联网信息研究院硕士研究生。

① 中国互联网络信息中心．第47次《中国互联网络发展状况统计报告》[R/OL].(2021-02-03)[2021-06-30]. http://www.cac.gov.cn/2021-02/03/c_1613923423079314.htm.

乡村振兴，是大有可为的。”[①] 直播平台借助社交媒体的推动，成为移动互联网时代新兴的消费文化景观，官员直播期间，新型电商模式助推地方脱贫攻坚，移动互联网时代的“互联网 + 电商 + 政务”的模式改变了传统的政府形象。

一、网络直播在官民互动过程中的传播优势

随着互联网技术和智能终端的发展，网络直播从起源于 PC 端的秀场直播逐步发展为电竞直播、生活类直播、商品直播，打破了既往的单向式传播，形成了新的互动式传播。近年来国内许多学者都对直播的发展和特点进行了研究，但是将其置于官民互动的环境下进行具体探讨的并不多。相对于文字、图片等单一形式的信息，网络直播在官民互动中的优势主要体现在以下几个方面。

（一）生产主体权威性，信息可信度高

网络直播的内容生产模式区别于文字、短视频的内容生产模式，从普通大众创作的 UGC（User Generated Content）模式转向更加专业化、职业化的 PGC（Professional Generated Content）模式。数字化时代的政治传播中，各级政府、相关机构主要以 PGC 生产模式使大众了解社会信息。同时，官员以政府信用作为背书，提高传播信息的真实性，易于吸引人们的注意力，让民众更容易接受和理解。

（二）直播增强现场感，信息互动性强

相较于永恒的文字以及静态的以图片为主的传播方式，网络直播凭借声画一体的现场感，给用户带来更强的现实冲击力。网络直播的数字呈现，更大程度地复原了物质世界，大众对信息接触的单一化转向多元化、视觉化，

---

① 沙莎，陈艳，李蕊，张斌峰．直与天地争春回：记习近平总书记在陕西考察［N］．陕西日报，2020-04-27（1）．

网络直播帮助大众直观地呈现事件背景，不仅满足了大众的视觉需要，还有利于大众参与信息互动。一次全面的网络直播可以全景化地呈现现场的真实情况，为信息传播提供客观真实的现实支撑，还有利于提高官员与民众之间的交流频率。

（三）直播传播范围广，覆盖群众范围广

网络直播最早起源于 PC 端的秀场直播，随后又通过游戏、比赛的方式拓展为电竞直播、生活直播，利用社交平台吸引大量用户关注。自 2016 年中国网络直播元年后，直播行业迅猛发展，相继细分为电商、旅游、体育等多个行业。2019 年购物平台嗅到直播给用户带来的沉浸式体验，纷纷开启电商直播模式，网络直播发展势如破竹。通过多渠道、多方面的推广，网络直播迅速覆盖社会各个年龄层、不同社会背景的大众，使信息快速下沉。在政治传播中，网络直播的即时性和社交属性极大提高了信息传播的时效性，开启了网民互动新渠道。

二、官员直播的类型和作用

2020 年是中国脱贫攻坚的决胜之年，为了保证贫困县脱贫摘帽，各级政府在前期做了大量准备，面对天灾以及疫情期间购销形式的变化，各大公司纷纷开展直播销售，政府负责人也开始联络平台和企业，通过直播的方式宣传、推广产品。

商务部 2020 年第一季度大数据市场监测报告显示，3 个月内全国有近 200 位政府官员走进直播间，通过在线视频与短视频的方式，向消费者推销地方特色农副产品、介绍当地特色文化，推动当地经济建设，农产品直播零售额为 936 亿元，同比增长 1/3。[①] 政府一直在寻找方式增进与群众的交流，从

---

① 2020 年一季度电商直播超过 400 万场［EB/OL］.（2020-04-26）［2020-08-06］. http://news.zhixiaoren.com/20200426/85286.html.

县级融媒体的建设，到政务新媒体的出现，以及政府部门官方账号入驻抖音、今日头条等。政府部门努力贴近人民群众，了解群众心声，为人民群众办实事。以“助农”为主题的直播一方面可以解决当地切实存在的卖货难现象，一方面可以通过网络渠道宣传政府形象，填补领导干部与老百姓的认知鸿沟。

（一）官员直播带货类型

1. 模仿网红主播型

官员希望通过网络化、平民化的沟通方式，拉近与消费者的距离。如山东省济南市商河县副县长王帅，在直播前学习网红主播李佳琦的带货口头禅，在介绍商河地方特产皇家扒鸡时，大胆使用“偶买噶”“买它”“魔鬼”“皇家的感觉”等网络语言，适应网络传播语境和消费者需求。

2. 田野参观型

市长、县长将直播间搬到田野乡村，向消费者展示最直观的自然环境和产品的生产基地，亲自采摘、下厨、品尝，带给用户身临其境的在场感，激发网友们助农买单。2020 年 4 月 3 日拼多多“县长助农”湘阴菜籽油的直播间，在湖南省湘阴县县长李镇江的带领下，网友们看见“油菜花开满地金，鹁鸪声里又春深”，副县长方腊初在手机镜头下用湘阴食材现场做了一道凉拌菜，活跃了直播间的气氛。

3. 溯源历史型

领导干部通过长期执政管理，了解当地农产品的生长环境、生产流程和销售情况，通过网络直播的方式对相关产品进行详细解说，辅以家乡历史文化、特色方言、奇闻逸事的介绍，唤醒了消费者的购物欲望。如 2020 年 2 月浙江衢州市市长汤飞帆，在助农直播间将衢州椪柑的种植历史和吃法娓娓道来，20 万斤椪柑两小时内抢购一空。官员带货背后是其对产品和专业知识的了解，通过丰富的历史背景和浓郁的农耕文化吸引消费者。

4. 亲身经验型

除了针对滞销农产品的直播宣传，还有推介城市形象、地方服务业项目、美丽乡村资源等直播宣传。市长以“绝知此事要躬行”的态度，以参与者的身份通过直播画面第一时间向网民传达体验，使受众获得真实的视听感受。如 2020 年 9 月 26 日，海南省东方市市长张长丰体验东方市新引进的 4000 米高空跳伞项目，从飞机上一跃而下，镜头转向身下景色优美的鱼鳞洲和棋子湾，这种“体育 +”旅游项目的大力推广，吸引了大批极限运动爱好者前来体验。

（二）官员直播带货的社会效应

1. 传播信息：真实呈现当地情况

官员直播的具体场景与普通社会电商的办公室背景板不同，官员直播的内容主要是介绍当地特色产品，宣传当地文化，既有全景又有细节的直播，呈现出当地的真实情况，以具有现场感的直观表达加深了网民对当地情况的认知和理解。

2. 塑造形象：体现当官要为民做主

官员直播不是一时兴起的个人行为，而是有组织的传播活动；传播内容没有局限于产品本身的商业信息，而是涵盖当地社会发展的所有信息；直播目的不仅是帮助农户实现收入增加，更是履行父母官的社会责任。官员直播热现象背后标志着我国政府形象传播的新方式和新渠道，使政府形象更加亲民化、专业化、公共化，是建设服务型政府的具体体现。

3. 解决库存：激发公众消费潜力

官员直播最直接和最迫切的目的是为滞销商品寻找出路、为农村去库存、为农户排忧解难。领导想方设法通过网络直播的方式宣传、推广农产品，以产品品质带动市场消费，解决现实难题。农耕文化搭上网络文化的“便车”，成为推动经济发展的新动力。

4. 情感联结：拉近官民双方的心理距离

官员走进直播间，以主播的新身份在民众面前揭开“神秘”面纱，打破领导讲话时严肃认真的刻板印象，颠覆民众对领导的传统认知。在市长、县长直播介绍、回答问题的双向互动中，增强民众与官员之间的情感联结，拉近双方的心理距离。

三、官员直播特点分析

（一）建立仪式感：推动身份认同

仪式是人类社会中特有的文化现象，柯林斯提出社会互动的动力机制，包含两个或以上的人的身体在场、界限、同一聚焦点和共同情感体验。官员直播的过程不仅是对带货能力的展现，更反映了即时性、交互性的强仪式互动特征。

在同一直播空间中，作为主播的官员与作为用户的消费者实现虚拟在场，直播间的“房间”属性打破局内人和局外人之间的界限，使处于同一直播空间中的个体形成共同的身份认定。通过电商＋政务构建出“直播助农”的热点促进用户参与直播，在直播过程中，主播与用户、用户与用户之间进行信息沟通，通过评论、点赞等方式形成共同的情感体验。

在官员直播中，上述动力机制得到了有机整合，作为主播的官员代表用户向商家提出砍价，满足了用户需求，强化了二者的集体认同。互动中多方产生情感联结，民众对官员形成身份认同。通过“助农直播”形式的经济活动，领导具体践行“为人民服务”的理念，从行动中提升了个人的实践能力和政治素质。

（二）消解距离感：营造多元场景

“场景”一词最早源于电影、戏剧中根据艺术创作情节设置的时空环境。戈夫曼从情境与角色的视角出发，将社会比作舞台，认为每个个体都是利用符号进行表演的演员，据此划分出事前准备的“前台”和上场呈现的“后台”两个概念。梅罗维茨的媒介情境论对场景一词有了新的认识，认为“对人们交往的性质起决定作用的并不是物质场地本身，而是信息流动的模式”①。信息流动和传播方式突破了场所和媒介物理空间的限制，场景不再局限于地域，而是可以多场景融合并存，从而带动人们进行社会互动。

互联网技术的发展和各大智能终端的应用，打破时空限制，商品原产地不再是看不见的遮蔽空间，它可以通过直播间呈现，直播室的背景可以是农民辛勤劳作的田野乡间，也可以是绿意盎然的龙井茶园等富有地方特色和极强吸引力的地方。通过低时延的网络传输，多场景共同交织辉映，在主播的话语宣传和渲染下，传受双方的信息互动达到“共情”效果，促使购买行为发生。

在“助农”直播间，“前台”“后台”的界限消失，作为主播的官员不再是板书式照本宣科地介绍商品，而是公开地进行“现场表演”，有的现摘、现切、现吃杧果，有的在直播间现场做菜，有的撕开包装直接品尝大快朵颐，这些在常规印象中处于后台的隐匿行为被前置化，打破了老百姓对官员在日常工作中一板一眼、严肃认真的刻板印象。而直播结束后，留在网民们脑海中的印象可能并不是官员个人，而是其代表的地域和城市文化形象。

（三）提高体验度：沉浸式互动

网络直播作为大众媒介中互动性最强的传播形式，与消费文化紧密结合，推动媒介奇观的形成。官员直播以视听结合、实时互动的方式，通过，通俗易懂的网络语言、夸张的行为动作向网民们呈现媒介奇观，使网民们沉浸其中。借助直播平台，网民可以实时提出自己的疑问，官员当即做出回答，这种去中心化的叙事，淡化了官员的威严形象，拉近了二者之间的关系。

直播的在场感和实时传送改变了以往单向度的传受关系，网民的昵称隐藏了现实生活中的阶层壁垒，不同阶层的人可以借助平台进行直接交流和对

① 梅罗维茨．消失的地域：电子媒介对社会行为的影响［M］．肖志军，译．北京：清华大学出版社，2002：33.

话，通过共同消费而形成“想象的共同体”，从中获得满足感。官员直播不仅满足了网民的生活需求，本质上还带有“符号性消费”的文化内涵，官员以口碑为品牌质量背书，人们购买直播商品的行为除了追求实际物品的使用价值外，还追求产品符号所代表的精神价值，网民在观看直播的过程中与官员产生情感共鸣，带动消费。

四、官员直播存在的问题与反思

（一）不稳定性：存在舆论风险

政府官员直播的销量证明广大人民群众对他们的信任和认可，但农产品自身的特殊性导致其对产品质量把控难度大。同一产品在生长过程中受阳光、雨水等自然因素的影响不一；农作物采摘时间不同，口感、味道不同；产品在运输过程中的颠簸可能导致损坏等问题存在，如果售后服务没能跟上，会影响消费者的购物体验。而领导干部难以做到对产销各个环节事无巨细地蹲守查看，产品质量问题处理不好容易造成舆论风险。

官员在直播过程中使用网络语言拉近与群众距离而走红的同时，也伴随一定风险。互联网的开放性有不可控的影响，会将领导干部置于“敏感”的话语环境中，别有用心的人将官员的网络话语断章取义诱发的负面舆论，会影响政府公众形象。在大批官员进行直播的情况下，部分官员为面子工程伪造业绩，要求基层干部群众购买一定份额的产品冲销量，让人反感。

（二）边际递减：难以解决长期问题

从 2018 年 9 位贫困县县长联合淘宝网红在直播平台共同推介 50 个贫困县 102 款农产品开始，县长纷纷开始试水直播带货，2020 年疫情期间，“战疫助农”主题的“县长”直播在全国拉开巨幕，“6・18”购物节当天超 200 位地方官员走进直播间为家乡带货，政府信誉背书成为农产品促销的重要手段。

直播助农的方式本质是数字经济现象，短期内可以获得大幅成果，但从长期来看，当网民的好奇心过去之后，直播销量将呈现边际递减效应，直播不是长久之计，它具有应急下的“去库存”特征，不是政府服务的本质内容。能否保证直播销量暂且不提，背后以政府信用作为担保的行为大大增加了政府部门的监管压力，并且由于直播时间限制，官员如何选择商品进行推广的背后容易出现不公平和腐败现象。

在疫情对经济消费影响逐渐减弱后的常态防控期间，商家和企业可以适应平台的销售机制进行销售模式的调整。在较为贫困的地区，政府可以借机进行农村物联网、5G 等新的基础设施投资建设，营造良好的电商生态；针对以直播为主要宣传方式的平台，可以从当地培训专门的直播人员进行宣传和讲解，培养适应互联网技术 + 电商生态 + 农业发展的复合型人才，让农民本身成为营销达人。

（三）柳暗花明：城市宣传新起点

2020 年的官员直播热主要目的是减轻疫情的影响，集中于农产品的销售，推动当地经济发展。官员直播可以作为政府推广城市形象的外宣途径，丰富的直播内容不仅可推动农业发展，也可带动服务业消费。政府官员的带货营销之路不仅是电商平台的亮丽风景，也让更多民众看到地方执政官员造福一方的初心和作为。

官员直播热成为我国政治传播的新动力，地方政府可以通过与县级融媒体合作的方式，构建合作共赢的传播平台，通过直播 + 政府服务的方式吸引更多群众参与。拥抱互联网，一方面可以将服务群众与联系群众相结合，另一方面，可以促进政府与民众的沟通交流，促进二者的相互理解，从而带动官方与民间舆论场之间的互惠互信，形成良好的互动模式。

结　语

互联网带来的分权效应让每个人都有可能成为信息传播的中心，在数字化时代，中央集权式的信息传播模式逐渐消解，向多样性和多元化方向发展。官员直播现象具有媒介、经济与政治沟通属性，颠覆了以往官民交往模式。如何让官员直播发挥延伸作用，结合当地实际情况，成为可推广的新政务治理手段，对于提高政府沟通能力、政府治理能力，加强当地媒体融合都有着重要的启示意义。

社交媒体语境下党媒会议报道创新研究*

——以《人民日报》官方微博二十大报道为例

2022年10月16日至10月22日，中国共产党第二十次全国代表大会在北京召开（以下简称“二十大”）。二十大引起各类媒体广泛关注，共有约2500名境内外记者报名参加大会采访报道工作。《人民日报》作为中共中央机关报，承担着宣传党的重大方针路线、弘扬社会正气的职责与使命，在党的二十大报道中担任着至关重要的角色。

随着互联网与移动设备的普及，我们已经进入一个人人互联的网络社会。社会化媒体平台在我国互联网舆论场发挥着越来越重要的中介作用，在成为人民生活的重要虚拟场域的同时也成为媒体必须争夺的重要传播渠道。面临媒介技术的颠覆性革新和受众话语对媒介话语本位的撼动，传统媒体应调整传播思路、创新传播方法、革新话语表达。

一、历史追溯：会议报道的发展演进

有记载的最古老的新闻传播活动始于我国古代的邸报以及古罗马的《每日纪闻》。进奏官用邸报将朝廷政事、朝廷会议传发给各藩镇；恺撒创制的

* 本文原载于《新闻论坛》2022年第6期，由田智辉与邓新宇合作完成，收入本书时略有删改。邓新宇系中国传媒大学互联网信息研究院硕士研究生。本文系中国社会科学院创新工程重大科研规划项目“国家治理体系和治理能力现代化研究”（项目编号：2019ZDGH014）的阶段性研究成果之一。

《每日纪闻》也成为公布议事信息、获得舆论支持的政治斗争工具，这是史料记载的最早的会议新闻。[①] 古代的会议新闻已具备政治内涵，但是传播方式方法受到诸多条件限制，并且是绝对的传者本位。

新中国成立以来，我党多次召开重大会议，这些会议关系着党和国家的前进方向，更关乎每位人民群众的福祉与利益。最早从事会议新闻研究的靖鸣教授对其定义是：记者直接从会议活动中获悉的具有新闻价值的信息。广义而言，会议新闻也包括具有新闻价值的会议新闻作品。[②] 学者刘建明从受众的角度出发解读会议新闻，即及时获取受众欲知的有关会议活动的信息。[③] 由此观之，会议报道一方面承担着宣传党和国家政策路线、政治决策的重要使命，另一方面有义务满足人民群众了解政治信息的需求。

新中国成立初期，会议报道稿件较少且信息含量不高，多为会议本事的程式化呈现，稿件来源仅为新华社。改革开放以来，我国的会议报道朝着民主化、法治化的方向迈进，开始注重新闻传播规律，并在报道的内容和形式上有所创新：信息含量高，注重报道会议中与人民生活切实相关的重要内容，出现可读性较高的特写、散记等新闻报道形式。

特别是 2000 年以来，互联网的普及导致政治会议报道环境出现翻天覆地的变化。2011 年和 2013 年分别被认为是政务微博和政务微信元年，社交媒体逐渐成为政务新闻发布的重要渠道。社交媒体具有信息来源多元化、信息接收碎片化、信息传播网络化、信息互动双向化的特征，社交媒体用户的阅读习惯和信息接收习惯也逐渐被媒介技术涵化。习近平总书记高度重视新时代思想宣传工作，强调“要研究把握现代新闻传播规律和新兴媒体发展规律，强化互联网思维和一体化发展理念，推动各种媒介资源、生产要素有效整合”。党媒应该如何把握新兴媒体发展规律，在社交媒体时代提升党政会议类新闻的传播效果，把握好会议宣传的时、效、度，这是新时代应该思考的

---

① 方汉奇主编．中国新闻传播史［M］. 北京：中国人民大学出版社，2004.

② 靖鸣．会议新闻学［M］. 北京：中国传媒大学出版社，2007.

③ 刘建明．发挥会议新闻的特有功能：兼评靖鸣《会议新闻学》一书［J］. 新闻与写作，2008，（4）：45.

问题。

本文以中共中央机关报《人民日报》新浪微博官方账号在二十大期间发布的会议报道为例，综合运用话语分析和内容分析的方法，探究社交媒体语境下党媒党政会议报道话语及策略创新，以期为新时代政务融媒体报道提供借鉴和思路。

二、研究框架

（一）样本选取

本研究爬取《人民日报》官方微博二十大报道相关博文进行分析。博文发布时间总体以会期为中轴呈正态分布，因此本次研究爬取了二十大期间及其前后五天的博文，即 10 月 11 日—10 月 27 日共计 17 天内《人民日报》发布的有关二十大的所有微博，共计 186 条。

（二）研究方法

1. 内容分析

内容分析运用数学统计的方法对材料进行量的分析，可以判断媒体在某一时期的传播重点以及对某些问题的态度立场，特别适用于回答传播学的经典问题：谁、说了什么、为什么说、如何说、产生了什么效果、用何种方法。[①]本研究从媒介框架理论的角度，宏观上分析《人民日报》官方微博二十大微博报道的类型、形式和主题；微观上关注报道涉及的主要客体及具体目的。

2. 语料库积极话语分析

积极话语分析在批评话语分析的基础上发展而来。批话语分析指将语篇作为社会实践的对象来分析，以语言学、哲学和传播学等学科理论为基础，用于具体分析话语与权力的辩证关系，研究话语通过意义的协商在知识生产、社会机构和社会关系构建过程中的作用，具有“披露”“揭示”等否定性立场。Martin 针对批评话语分析理论的不足，提出了积极话语分析理论。他提

① 巴比 . 社会研究方法［M］. 邱泽奇，译 . 北京：华夏出版社，2005：5.

倡建设性的分析活动，而不是消极批评；主张设计，而不是解构[①]，重视话语对社会发展的积极意义。语料库的技术引入克服了话语分析的主观性，使得分析更加客观，且有助于话语分析规模化、体量化。

本文爬取《人民日报》二十大微博报道186篇，清洗和分词后建立小型语料库，使用积极话语分析的方法，将语料导入话语分析软件Antconc，考察其词频、索引行、词从、搭配词等，从而挖掘报道深层蕴含的政策思想和精神力量。

三、话语建构策略分析

（一）紧扣党的精神，精准定位会议主题

中国共产党第二十次全国代表大会是全党全国各族人民迈上全面建设社会主义现代化国家新征程的重要转折点，是关乎全党全国人民切身发展和奋斗方向的指引性的重大会议，准确传达会议精神、精确传递会议信息是媒体作为党和政府耳目喉舌的关键任务和重要责任。

笔者利用Antconc的词频分析功能得到《人民日报》官方微博二十大报道出现的词语频次（见表1），并依据词频生成词云图（见图1）。从二十大、中国共产党、中国、习近平、发展、现代化、新时代、全国代表大会、新征程等高频词不难看出，《人民日报》在进行二十大微博传播时集中发力点仍紧扣会议主旨，集中在会议主题解读和会议精神传达方面。《人民日报》官方微博在会议报道进程中一步一环节跟进，从会前预热、党代表通道、开幕式、听取和审查第十九届中央委员会的报告、《中国共产党章程（修正案）》、选举第二十届中央委员会与中央纪律检查委员会，到闭幕式以及各项新闻发布会与记者见面会均有图文并茂、角度多元的跟进报道，有详有略、重点突出，全景一站式满足受众对会议内容的信息需求。

① 朱永生.积极话语分析：对批评话语分析的反拨与补充［J］.英语研究，2006，4（4）：36–42.

表 1 《人民日报》官方微博二十大报道词频表

词语	次数	词语	次数	词语	次数
二十大	307	发展	42	社会主义	29
《人民日报》	99	现代化	41	新闻	29
报告	98	人民	38	中央委员会	26
中国共产党	83	直播	38	全面	25
微博	82	新时代	37	关注	24
你好	79	全国代表大会	35	举行	24
视频	79	征程	34	中华民族	23
中国	76	伟大	32	中国式	22
习近平	56	收藏	30	共同	21
代表	46	学习	29	奋斗	21

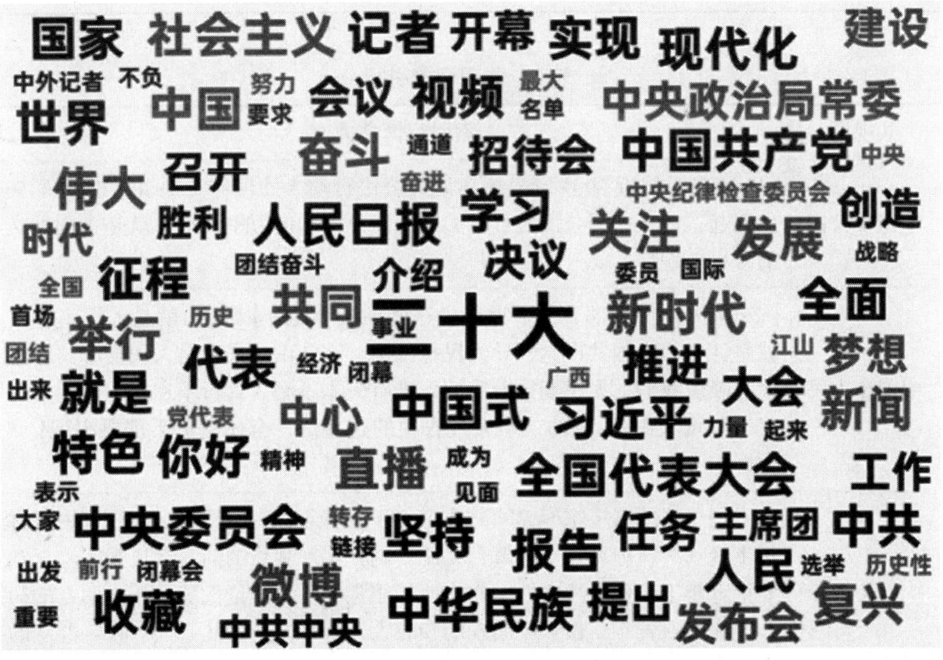

图 1 《人民日报》官方微博二十大报道词云图

（二）凸显核心价值，关注人民话语视角

习近平总书记在二十大报告中指出“人民就是江山”“人民至上”，高度突出了党和政府高度重视人民在社会主义现代化新征程中的核心地位，突出我党“一切为了人民、一切依靠人民”的核心精神。《人民日报》的社交媒体报道也始终与党中央保持高度一致，凸显人民价值、贴近人民话语。笔者分别考察了高频词“中国”和“人民”搭配词，代表国家和人民的关键词共现词的索引行如下表所示（见表2、表3）。可见宏大话语视角的“中国”“党”等词语与微观话语视角的“人民”“青年”“共产党人”“公民”等词语紧密相连，彰显《人民日报》报道中人民的核心话语地位，以及对二十大报告中人民地位、青年力量、公民权益等细节的特写式呈现。

表2 “中国”“人民”搭配词表

词语	搭配词
中国	人民、发展、声音、开放、青年、共产党人、外交、一起、公民、党
人民	一道、党、同在、打江山、一切、事业、全面、创造、发展、团结

表3 共现词索引行

共现词	索引行博文原文
中国&公民	#10年来组织近20次紧急撤离海外公民行动#处理各类领事保护案件50多万起，涉及中国公民数百万人……海外同胞的万里归途，就是中国外交的万里征途!
中国&人民	【@全体党员干部#二十大报告这些话要牢记#】“江山就是人民，人民就是江山。中国共产党领导人民打江山、守江山，守的是人民的心。”“时代呼唤着我们，人民期待着我们，唯有矢志不渝、笃行不怠，方能不负时代、不负人民。”党的二十大报告中的这些话，全体党员干部要牢记！#你好二十大#
中国&青年	【#二十大报告寄语广大青年#】习近平：青年强，则国家强。当代中国青年生逢其时，施展才干的舞台无比广阔，实现梦想的前景无比光明。全党要把青年工作作为战略性工作来抓，用党的科学理论武装青年，用党的初心使命感召青年，做青年朋友的知心人、青年工作的热心人、青年群众的引路人。

（三）巧用话题标签，贴近平台话语生态

话题标签由井字符号（#）和短语组成，是社交媒体独特的叙事文本，在微博、抖音、推特等社交媒体平台上被广泛应用。标签文化创造出一种围绕主帖生成内容副文本的叙事形式，能够让受众快速定位相关议题信息并共享共同的讨论空间，利于大规模传播和公众共同参与，常用于重大事件或争议性事件传播。

《人民日报》官方微博的二十大报道顺应平台话语形式，在文字编排上贴近平台话语生态，呈现出短小精悍、多用话题标签等特征。平均每条微博为125个字符，并且在会议预热、会中报道和会后回顾的不同阶段套用不同的话题标签。会前，#你好二十大#成为预热阶段的主要标签，用来发布党和党代会的相关科普知识、二十大代表的选举历程和个人Vlog为二十大铺陈背景信息，塑造公共讨论空间。会中，话题标签随二十大报告内容重心实时提炼生成，包含二十大报告中的重要论述、二十大会议的关键议程和主要节点等，例如：#新时代新征程#、#中国式现代化#、#守江山就是守民心#，具有时效迅速、重心突出的特点。会后，展望未来与总结回顾二十大的标签成为主流，例如#你好，明天#、#读懂党的二十大报告#、#二十大报告与你息息相关#。话题标签是《人民日报》为二十大进行议程设置的重要工具，它集约了公共讨论空间，也为用户话语文本的创建提供了便利，吸引了网民高度参与和广泛讨论。

在文字表达上《人民日报》注重使用“接地气”话语拉近与微博用户的社交距离，“点赞”“戳视频”“都有啥”等口语化、网络语言化的表述也打破了党媒沉闷严肃的刻板印象，消解了网民与媒体之间的心理距离。

四、内容传播策略分析

（一）横不缺项，纵不断线：全方位解读和全流程议程设置

从报道主题来看，《人民日报》官方微博对二十大的报道主要集中在会议现场、会议解读、发布会记者会、党的历史回顾、党代表、会议预热、党

和国家形象等几个方面，是对二十大的全流程、全景式、全方位、多维度解读和呈现（见图 2）。

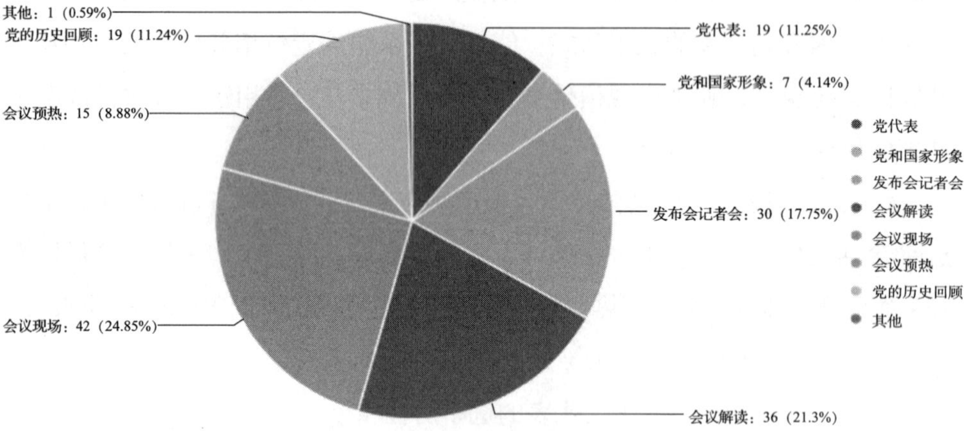

图 2 《人民日报》官方微博二十大报道主题

从纵向来看，报道涵盖会议预热、首场新闻发布会开幕式闭幕式以及闭幕后的新一届中央政治局常委同中外记者的见面会，纵不断线；从横向来看，报道注重会议核心场景和精神的特写式呈现，例如二十大开幕当天，《人民日报》官方微博以平均 10 分钟一条的频率密集发布微博，将习近平总书记所作的二十大报告中事关国家发展和人民幸福的重点信息逐一提炼，以“文字直播”的形式为会议报告“划重点”。

从议程设置的角度来看，媒介是人们了解信息的窗口，早在 20 世纪李普曼就提出，报刊营造出的“拟态环境”左右着人们对外界事物的了解，相应地，议程设置理论强调认知层面的效果。会议报道也是一个议程设置的过程，政策议程、媒介议程和公共议程在社交媒体平台上相互作用。《人民日报》紧扣政策议程，运用多种手法设置媒介议程，能在很大程度上影响公众对二十大政治议题重要性的感知，提高二十大的政治影响力和公民的政治参与度。

（二）趣味学习，图文并茂：宏大议题解构和图片话语再建构

社交媒体时代，信息呈现碎片化和海量化特征，技术赋权使得自媒体和用户生产内容的成本大大降低，由于占据贴近性、趣味性优势，自媒体在社交媒体传播场域扮演着愈发重要的角色，相应地，大众传媒不再拥有绝对的话语霸权。如何在海量信息充斥、受众注意力分散的社交媒体中传播严肃会议的宏大议题，吸引受众阅读兴趣同时提高传播效果，是新时代会议报道的关键问题。

二十大报告内容丰富翔实，涵盖我国政治、经济、文化、生态、军事等各个方面的发展战略，导致受众很难在短时间内全部消化，不符合快节奏、碎片化的社交媒体受众阅读习惯。《人民日报》注重党代会内容的解读，并且擅长在解读过程中将宏大的报告内容从多个侧面拆解，譬如二十大报告高频词解读、涉及“战略”段落解读、提及“人民”的关键语句解读、二十大如何谈“团结奋斗”等内容，强调阅读重心，便于受众接受理解。

其次，《人民日报》在进行话语建构时多用直观生动的图形。例如，《这就是2035年的中国》是对全面建成社会主义现代化强国总的战略安排的图解，从习近平总书记“踔厉奋发，奋勇前行”的感召出发，由内而外圆环式发散，依次回答了两步走战略分别是什么、到2035年我国应在哪些方面实现哪些现代化目标的问题，排列秩序井然，富有趣味，便于解读、易于理解，用新媒体的表达手法实现亲民、易传播话语的再建构。

（三）现场直播、H5交互：全媒体技术提升临场感和互动性

提升临场感与互动性是新技术赋权下，丰富用户感官体验和审美感受、增加用户参与度的重要方式。在社交媒体上，直播、弹幕、H5交互、投票等传播手段的应用大大提升了用户的临场感和互动性，它们打破了物理空间的限制，拉近了传播主客体之间的情感距离（见图3）。

柯林斯提出了“互动仪式链”理论，聚集在同一场所的个体会产生互动行为，在关键的互动仪式中生成共同的关注焦点，个体间产生的情感共鸣，

最终汇聚成群体的情感能量。[①]《人民日报》官方微博二十大报道大量运用直播，其科技手段的震撼力和穿透力，使受众产生强烈的临场感，新媒体成像技术使用户成为“缺席的在场”，进一步提升了受众在重大政治事件中的主人翁意识和参与感。开幕式、党代表通道、闭幕式、新闻发布会、记者招待会等，每场均有直播跟进，紧抓议程，让受众的关注点与政策议程同频共振，形成强烈的情感共鸣。

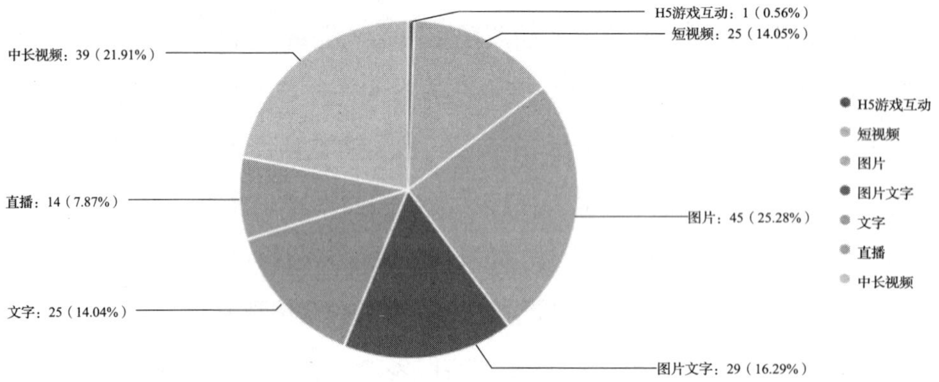

图3 《人民日报》官方微博二十大报道形式

此外，H5技术拥有兼容性和互动性的优势，在此次报道中也发挥了很大的作用。《人民日报》推出互动游戏《你的未来关键字是什么》，以二十大报告中的社会主义现代化战略思想为线索，用猜字游戏的互动表达方式向受众传播会议核心思想。交互游戏的运用能提升用户参与的积极性，强烈的视觉效果能激发用户的深刻记忆，但由于存在形式重于内容、细节设计欠缺等问题，未达到理想传播效果。

（四）镜头语言，平民视角：平民化表达和故事化叙事

会议新闻初期的整体传播模式是以政治宣传为核心，带有强烈的灌输性和政策目的性。这样的传播模式在传统媒体时代是行之有效的，但是在社交

① 柯林斯．互动仪式链［M］．林聚任，王鹏，宋丽君，译．北京：商务印书馆，2009.

媒体时代，“魔弹”论下单向度的受众已经变成了自主能动的产销者，打开移动设备就能收到海量信息的饲喂。在社交媒体情境下，政治宣传的传播模式已不再适用。

《人民日报》官方微博的会议报道和宣传动员逐渐向平民化和故事化的方向倾斜，尤其是在镜头语言方面。《人民日报》推出的《新征程再出发》、中国共产党国际形象网宣片《CPC》《未来中国先导片》《这里有一个你不知道的十年》等一系列极具感染力和号召力的影视作品在镜头语言上均以普通民众的身影为主，展现人民群众的生活状态、精神面貌变迁，把宏大的政治主题从宣传套话中抽离出来，使之贴近群众、关切群众、服务群众。

平民化视角则体现在二十大党代表的身份叙事上。在本次党代会上，处于生产和工作一线的党员代表共计 771 名，一线党员是《人民日报》典型人物报道的主要切入点。《人民日报》对生产和工作一线的党员生活进行故事化叙述：为爱写歌的拉祜族女生李娜倮、从电表工成长为劳模的浙江大学女孩徐川子、“燃灯校长”张桂梅、敦煌舞派舞者康琦，这些人物报道采用个体化的叙事手法，从微观角度对党员生活进行具象化、形象化呈现，增强了政治传播的感染力和号召力，实现了政治传播的人际传播化。

理念跃升　全息赋能　多维运营*

——中央广播电视总台建党 100 周年系列活动融合传播特色解析

2021 年 7 月 1 日上午，庆祝中国共产党成立 100 周年大会（以下称“庆祝大会”）在北京天安门广场隆重举行，庆祝中国共产党成立 100 周年文艺演出《伟大征程》也在当晚 8：00 播出，中央广播电视总台对此展开全程直播与融合报道，以传播理念革新为先导、以传媒科技创新为基础、以传播效果跃升为动力的主流媒体实践，成为此次总台融合传播的重要特色，集中展现了媒体融合纵深发展的诸多亮点。在“庆祝大会”与《伟大征程》的融合传播中，价值引领、移动优先、用户思维等理念层面的要素被置于重要位置，从顶层设计的角度指导总台融合传播实践。同时，前沿传媒科技、多元媒体平台融入传播全流程，在内容与形式的融合中展现理念跃升、全息赋能、多维运营的突出特点，呼应构建全媒体传播体系的发展趋势。

一、理念跃升：价值引领、移动优先与用户思维三方互构

（一）价值引领：以艺术审美引领建党百年价值共识

在当今持续多样化、系统化的互联网传播生态中，主流媒体实践的理念跃升被划分为价值引领、移动优先、用户思维三个部分，其中价值引领主要

---

* 本文原载于《电视研究》2023 年第 7 期，由田智辉与陈智睿、黄楚新合作完成，收入本书时略有删改。陈智睿系中国社会科学院大学新闻传播学院硕士研究生；黄楚新系中国社会科学院新闻与传播研究所数字媒体研究室主任、研究员。

涉及融合报道的精神内核。价值引领相较于实践引领更偏重于艺术审美与政治引导的双重作用。总台对“庆祝大会”的融合传播在艺术审美与政治引导层面具备鲜明特色，一方面“庆祝大会”将中国共产党筚路蓝缕的发展历史作为主干，从历史发展的纵观视野展现新时代的重大成就与现实意义，立意高远，催人奋进，其中，“庆祝大会”的千人献词团以“请党放心，强国有我”的嘹亮口号激活价值引领的舆论热潮；另一方面融合丰富多样的艺术表现形式，例如全场经典歌曲合唱等，全面鲜活地展现了中国共产党砥砺前行的伟大历程，融合报道效果精良，节目引领性特色显著。

《伟大征程》的融合传播，充分发挥主流媒体在社会责任与政治使命方面的重要作用，以政策支持、媒体定位、资源优势为依托①，生动呈现《伟大征程》在价值引领层面的鲜明特色。《伟大征程》在内容结构上布局合理，从《启航》《浴火前行》《风雨无阻》《激流勇进》《锦绣前程》《领航》等板块回望建党百年的峥嵘岁月，以历史持续发展的视角展现建党百年的瞩目成就与重大意义。《伟大征程》的融合传播不仅包含宏观历史视角，同时也将微观个体视角融入节目融合传播全流程，从演出节目《我们和党在一起》《我的中国心》等，到央视新闻微博热门话题#建党百年文艺演出演绎脱贫故事#等，建党百年的宏观视角与个体发展的微观视角交相辉映，价值引领的艺术审美与政治引导也被深度嵌入融合传播的具体实践中。

（二）移动优先：以技术发展趋势激活融合传播新景观

移动互联网的迅速发展催生新的媒体格局与传播生态，为适应这一发展趋势，总台提出“台网并重、先网后台、移动优先”的发展战略。发挥移动优先的作用要把握移动互联网传播规律，重视传统媒体资源向移动平台转移。在“庆祝大会”的融合传播中，总台高度重视移动互联网平台的定位与作用，在央视新闻、央视频、抖音短视频等平台进行融合传播的深度适配，一方面在移

---

① 黄楚新，郑智文．新中国成立70周年融媒体报道观察［J］．教育传媒研究，2020，（1）：73–76.

动内容产品的制作方面进行差异化定制，使其符合不同移动平台传播规律与用户喜好，充分适应横屏竖屏的内容排布方式；另一方面也与不同移动平台开展深度的内容制作与推广合作，在各个移动平台都被置于首页推荐位与热搜榜前列，例如微博平台的 # 建党 100 周年庆祝大会 # 话题持续高居热搜榜、要闻榜前列，“庆祝大会”内容的展演场景更加多元，充分发挥移动优先战略的现实价值。

在《伟大征程》的融合传播中，移动优先则主要表现为场景化与可视化，移动互联网的技术特性要求进行灵活、多样、具体的传播内容，《伟大征程》的融合传播突出每一篇章的主题，结合多样化的现实场景进行精准传播，例如在烟花表演的过程中，总台对这一场景进行话题设置，与全国各地的烟花表演形成同频共振，不同图片的拼接也在微博、微信等移动社交媒体平台形成裂变式传播，在用户自发的传播活动中，总台的移动优先战略助力营造凝心聚力的建党百年舆论氛围。其间，可视化与场景化相辅相成，适应移动端的可视化呈现被灵活应用，例如各大微博热门话题下的图像对比与拼接，以及节目视频的二次创作等，动图《他看见了》结合历史素材与现实事件，引发网民大量传播扩散。信息量传递效率受到屏幕尺寸的影响，可视化的呈现形式能够将重点信息凝聚在移动端小屏，重点呈现大屏难以表现的细节，从报道模式与叙事视角等方面提升融合传播的表现力与传播力，多维度发挥移动优先战略的传播优势，高效展现建党百年的光辉成就与重大意义。

（三）用户思维：以微观个体视角汇聚建党百年传播盛况

用户思维是“庆祝大会”与《伟大征程》融合传播的核心力量，移动互联网的发展带给用户更大的主动性与创造性，传统的传授二元关系被打破，总台重视用户思维是灵活适应这一趋势的重要表现。[①] 近年来，总台积极打造央视新闻核心产品矩阵，布局诸如央视新闻客户端、央视频、云听、微信、

---

① 黄楚新，陈智睿．全景呈现技术跃升内容融通：2021 年中央广播电视总台春晚融媒体传播特色［J］. 电视研究，2021,（2）：25-27.

微博、B站等媒体平台，用优质内容资源带动用户参与多屏互动，形成以用户为核心的全媒体传播模式与媒体矩阵。

“庆祝大会”与《伟大征程》融合传播的用户思维主要表现在形式编排、话语呈现两个方面，在形式编排层面，总台除了对“庆祝大会”与演出本身进行全程直播外，还对各个环节的重点内容进行剪辑加工，形成重点突出、特色鲜明的短视频作品，例如抖音短视频平台的央视新闻热点视频#谁妄想欺负中国必将碰得头破血流#一经推出就获得692.3万个赞与22.3万条评论（截至2021年7月2日8：34），充分满足移动互联网用户对短视频作品的需求；在话语呈现层面，总台根据不同媒体平台的特点进行差异化内容制作，以不同话语呈现形式满足不同平台用户的需求，例如根据B站的横屏内容与互动形式要求进行差异化的视频生产，央视新闻在B站发布视频《经典再现！觉醒年代重现舞台 全场共唱〈国际歌〉》获得113.5万次播放量以及5862条弹幕（截至2021年7月5日24：00），形成价值导向、用户导向的融合传播新热潮，以入脑、入心的话语形式展现“庆祝大会”与《伟大征程》的盛况。

二、全息赋能：前沿科技与多元矩阵共促融合传播跨越

（一）科技融通：前沿科技与内容形式深度融合

技术发展赋能内容呈现。在全媒体传播格局下，前沿传媒科技更多作为一种前置的、背景的要素存在，逐渐融入全媒体内容生产的各个环节。总台在“庆祝大会”与《伟大征程》的融合传播中，将“5G+4K/8K+AI”等新技术贯穿全流程，超高清视频转播助力总台融合传播迈向高质量视听“旗舰”新阶段，带给观众全新的、沉浸式的视听体验，央视新闻短视频作品《独家V观｜60秒特殊视角！看教练机拉出10道绚丽彩烟》可为例证。

视频化、可视化是科技融通的重要表现形式，在形式炫酷、内容灵动的视频作品背后，离不开前沿视频编辑技术的支撑。《伟大征程》本身就是前沿技术的实践场，本次演出采用即时摄像、瞬时剪辑和现场大屏投放的方式进

行节目呈现，在为现场观众提供视觉盛宴的同时，也为总台的录制转播提供鲜活的节目质量支持。在央视频平台，《伟大征程》的清晰度已达到超清、蓝光水平，成功实现优质内容与前沿科技的统一，“内容＋科技”双轮驱动助力总台融合传播实现新跨越。对于“庆祝大会”以及《伟大征程》本身而言，前沿传媒科技应用为此后进一步的内容编辑、二次创作提供了新的想象空间，例如总台旗下各媒体账号生产的短视频作品制作迅速、质量优异，这离不开传媒科技贯通内容生产全流程的技术支撑与体系协作。其中，央视新闻B站视频《“为了胜利 向我开炮！”裸眼3D还原〈英雄儿女〉经典场景》及时、精准发布，充分展现科技融通对节目制播流程的引领与重塑，成为此次总台建党百年融合传播的一大亮点。

（二）多元矩阵：全平台、多模态打造建党百年融合传播体系

多元媒体矩阵是全息传播的重要组成部分，具体而言，构建全媒体平台的传播矩阵是吸引用户群体，抢占新闻舆论阵地的重要举措。总台在“庆祝大会”与《伟大征程》社交媒体平台融合传播中，将微博与微信作为传播主阵地，央视新闻、央视网等账号在微博平台主动设置话题，与多方联动吸引用户进行分享转发，央视新闻在2021年7月1日0：00发布的微博带有#中国共产党成立100周年#、#建党100周年庆祝大会#两个话题，获得2748万次转发数、48.4万条评论数、311万个点赞数（截至2021年7月2日8：34），并且在B站发布《【全程回顾】庆祝中国共产党成立100周年大型情景史诗》等视频，获得193.2万次播放量与6822条弹幕（截至2021年7月5日24：00），共同形成全平台破圈的集聚效应。在短视频领域，总台高度重视根据B站、抖音等不同平台的特点进行内容制作与发布，央视新闻在B站设立#中国共产党成立100周年#话题，在B站客户端开屏以及首页广告位被重点推荐，话题下形成平台内的视频传播矩阵，获得9696.9万次浏览量与3.7万次讨论量（截至2021年7月2日8：34）。

此外，“庆祝大会”与《伟大征程》的融合传播在总台央视新闻、央视频、云听等自有媒体平台得到重点支持，不同平台根据自身特点参与到多元

媒体矩阵建设过程中，例如，央视频在首页放置《百亿像素·红色地图》融媒体专题，与“庆祝大会”的直播活动形成同屏联动。总台在“庆祝大会”与《伟大征程》的全媒体平台实践中，多平台发力，营造昂扬向上、成效卓著的舆论氛围，切实提升了重大主题融合报道的传播力、影响力。

（三）沉浸互动：沉浸式、社交化优化建党百年全息传播模式

传媒科技的迅猛发展带来报道形式创新突破，沉浸互动作为融合传播的特色之一，与科技融通的发展趋势密不可分，代表着技术与内容深度融合的发展方向。沉浸互动在“庆祝大会”与《伟大征程》的融合传播实践中有两层含义，第一层指的是观众深度参与到融合传播过程中，沉浸式传播、参与式传播的特征明显。“庆祝大会”与《伟大征程》将超高清转播技术融入传播全环节，超高清视听体验构建起基础的沉浸式传播环境，强化观众的临场感与参与感。央视网发布的短视频《独家 V 观 | 一镜到底看国旗护卫队》采用一镜到底的形式见证“庆祝大会”的国旗护卫队行进，观众能够通过近距离观察深切感受国旗护卫队的整齐划一与气势如虹。此外，央视网也推出多个特殊视角视频作品，全新的航拍、仰拍带给观众富有冲击力的沉浸体验。

沉浸互动的第二层含义指的是融合传播的社交互动属性，沉浸式传播不仅需要技术层面带来身临其境的观感，而且需要给用户营造整体的沉浸互动氛围，“社交 +”的内容呈现方式成为实现主流媒体深度融合转型的重要突破口。在“庆祝大会”的融合传播中，央视新闻的多平台账户都设置了明确的转发引导词，吸引明星大 V 转发的同时，带动其他用户自发传播，形成移动互联网语境下口口相传式的社交化传播与传播效果累进，例如央视新闻公众号发布的《被震撼到！原来这是真的在下雨》借助内容的特殊性与震撼感，引发网民自发传播扩散。此外，游戏化、趣味化也是社交互动的突出属性。从新中国成立 70 周年新华社与 QQ 飞车手游的跨界融合创新，到建党 100 周年央视新闻与腾讯微视推出《高手在民间》小游戏的深度融合实践，以趣味游戏形式强化社交互动属性，助力构建沉浸互动的全息体验模式。

三、多维运营：情感共享激活全时段融合传播新景观

（一）全程运营：全时段、多样态融合传播拓宽建党百年传播格局

移动互联网的迅速发展深刻改变传播格局，新的传播格局要求媒体保持全程在场，以适应剧烈变化的移动互联网传播环境。总台在“庆祝大会”与《伟大征程》的融合传播中，紧抓移动互联网传播规律，从前期、中期、后期三个部分开展卓有成效的全程运营。

在前期预热阶段，总台旗下各个媒体平台、账号并未直接针对此次大会进行宣传，而是结合建党百年相关活动展开预热，例如2021年6月28日总台央视网与腾讯《穿越火线》联合推出党史学习互动游戏《闪闪岁月 红星穿越》，将党史学习、建党百年、互动游戏三者有机融合，成功掀起预热宣传的传播热潮。2021年6月29日，《新闻联播》对文艺演出《伟大征程》进行近20分钟的总结报道，引发社会各界关注。

在中期大会进行阶段，央视新闻、央视网等账号在各大平台主动设置话题，深入挖掘大会的热点、爆点、泪点。值得注意的是在知乎平台，央视新闻联合“吾辈问答”发起的主题问题“哪一个时刻让你突然感觉到‘生活在中国真好’？”登上“知乎”热搜榜，该问题在2021年全国两会期间被提出，本次大会再次登上热搜榜，高质量问答、运营助力实现二次传播。

在后期宣传跟进阶段，结合《伟大征程》的播出热点，“庆祝大会”的热潮逐渐过渡为对细节与情感问题的挖掘，如#庆祝大会为何用这首歌开场#、#这些熟悉的面孔都在庆祝大会现场#等，实现融合传播全流程环环相扣，汇聚建党百年主题宣传舆论声量。

（二）情感共享：建党百年互动情境强化凝心聚力的传播格局

情感共享是“庆祝大会”与《伟大征程》融合传播的重要动因，其背后包含的是人们对参与感、归属感等情感要素的期待。情感共享在这一过程中

被划分为情感动员、情感互动两部分①，从情感演化生成的角度阐释观众价值共鸣与情感共振。“庆祝大会”与《伟大征程》的全程运营是实现情感动员的坚实基础，总台旗下各媒体在此过程中承担着调动情感、把握节奏的任务，央视新闻等在直播的同时积极挖掘细节，微观具体的报道内容易于调动观众情感，烘托出建党百年的情感氛围。

情感互动的关键在于不同主体的情感交流与反馈。在多维运营的过程中，总台旗下各媒体能够及时抓住观众的情感表达并收集汇总，形成诸如 # 何其幸运我们共睹这一天 # 等汇集观众情感的热门话题，观众在情感互动中不断加深参与感与临场感，建党百年的盛况在集体情感抒发中得到充分展现。总台对“庆祝大会”与《伟大征程》的全程直播构造了观众情感共享的空间，在逐层累进的舆论声量与情感表达中，达成互动仪式的反馈循环以及融合传播的质效统一。

① 孙振虎，朱润楠 . 融合传播与互动仪式：央视新闻直播带货模式探索［J］. 电视研究，2020，（10）：52–54.

MCN 与广电的融合创新及发展前景*

庞大的短视频用户群体带来了视频消费需求的扩大，推动了短视频与新闻资讯、广告营销、电商直播等领域的融合，带来了内容生产的新机制与新范式。其中，MCN 机构作为一种适应视频化传播趋势的商业形态，不仅改变着媒体产业资源配置的结构与方式，也带来一种媒体融合传播的创新实践。

一、MCN 的起源与发展现状

MCN 机构（Multi-Channel Network）即多渠道分发网络，是一种将上游内容供应者和下游平台连接，实现流量变现的网络商业模式，其本质上是一种具有中介化色彩的组织形态，它通过整合内容生产供应链上的内容产品和渠道流量资源，在互联网平台上提高传播效率、扩大市场空间、实现传播价值最大化的目标。早期的 MCN 机构起源于美国，主要存在于内容创作者和 YouTube 之间。随着 Disney、Viacom、AT&T 等传媒巨头对 Alloy Entertainment、Awesomeness TV 等中小 MCN 机构的补贴和收购，美国的 MCN 市场呈现出市场萎缩、发展缓慢的特点，MCN 也转变为 MPN（Multi-Platform Network，多平台分发网络）。相比之下，中国 MCN 机构伴随着国内的短视频浪潮呈现蓬勃发展的态势。

---

* 本文原载于《视听界》2020 年第 2 期，由田智辉与解益坤合作完成，收入本书时略有删改。解益坤系中国传媒大学传播研究院硕士研究生。

具体来说，中国的 MCN 机构在 2012 年随短视频行业的起步而引入，随着 2016 年前后短视频的快速发展而兴起，并在 2018 年资本入局、平台扶持和网红经济的多重作用下快速增长，数量从 2015 年的 160 家急速增长到 2019 年的 1,4500 家，市场规模突破 160 亿。[①]MCN 的快速发展不仅体现在机构数量和市场规模上，还体现在自身的角色定位、形态功能的演变上。在自身定位方面，相比于早期单纯扮演经纪公司、广告代理商等中介角色，国内的 MCN 机构还在内容产业的垂直供应链中不断纵向扩张，通过建立网红筛选、签约、孵化机制，在上游的内容生产和包装层面发挥更大作用；通过与新浪微博、今日头条、小红书等平台合作，在账号运营、广告投放、社区维护等发行推广层面拥有更大市场权力。在内容层面，MCN 机构也走出了单纯的视频产出形式，迈向直播、文字、音频等多样化形态，从早期的网红娱乐向新闻媒体、电商导购、知识付费等领域进军。而在发展业态层面，MCN 机构通过与不同属性的平台对接合作，形成了丰富多样的发展业态，从早期的微博、微信等社交平台，到抖音、快手等短视频平台，再到小红书、易车号等垂直电商平台，MCN 机构多平台、产业化的特点也带来了变现模式的创新，形成了以广告收入为主，平台补贴、电商导购、IP 授权等为辅的生存模式。

二、MCN 与广电的融合与创新

在 MCN 机构井喷式发展、加速布局的当下，广电媒体作为生产视听内容的专业化组织，在当前 PUGC 的视频化表达中具有天然的优势，其优质的内容资产和强大的社会文化影响力能在多平台分发中产生规模经济的效应，进一步拓展网络市场空间。知名主持人、记者和节目所积攒的品牌影响力更是重要的网络 IP 资源，由此衍生出的产品和服务也有助于延长广播电视产业

---

① 艾媒咨询 . 2020—2021 中国 MCN 产业运行大数据监测及趋势研究报告 [R/OL]. [2020-01-22]. https://www. iimedia. cn/c400/68403. html.

链，挖掘和整合广电媒体的传播资源，在全媒体时代加快融合发展的进程。

（一）内容生产流程的再造

广播电视作为一种大众媒体，其一对多的特性需要尽可能面向更多的群体。而互联网技术的发展突破了信息传播容量的边界，也使得用户有了更多的消费选择，庞大的用户群体得以细分，技术赋权和大数据技术使得用户的个性偏好得以凸显和捕捉，这样的传播环境也使电视媒体以频道和节目为单位开发 MCN 机构成为可能。部分电视台的王牌栏目通过在抖音、快手等短视频平台开通账号，背靠节目资源保证持续不断的内容输出，通过与平台合作进行内容分发和运营，这实质上采用了 MCN 的生产架构。如央视 2019 年 7 月上线的《主播说联播》短视频栏目，其抖音账号拥有 2714.6 万粉丝。该栏目不是对《新闻联播》片段的截取，而是基于短视频传播的特点，依托《新闻联播》平台和资源，在视频呈现和背景音乐的配合下，让节目主持人运用通俗凝练的“金句”，就国内外重大时政新闻发表评论，从而一改《新闻联播》的语态、编排机制和生产流程，呈现出广电短视频内容新的样态。

广电媒体是视听内容的重要供应商，旗下的主持人、记者、编导等工作人员是 MCN 内容创作者的主要组成部分。其中，部分知名主持人相当于 MCN 机构中的头部 KOL，是确保 MCN 机构运作的关键。目前，多位知名主持人已在抖音、快手等平台开通账号，这些账号不仅有其个人生活片段的分享，还塑造了节目主持人形象、提升了节目影响力。如江苏卫视《非诚勿扰》节目主持人孟非的个人账号，不仅有个人生活感悟的分享，还有节目片段、预告的呈现，更有围绕婚恋问题的采访问答和情感语录。而 Drama TV 作为从广电媒体成功转型 MCN 机构的范例，不仅借助湖南娱乐频道的主持人资源，推出“张丹丹的育儿经”等优质账号，还通过签约、孵化自媒体艺人，保证持续的内容输出。互联网使得用户不仅仅是内容的消费者，更使得用户成为内容产业上游的生产者。因此，MCN 模式下的广电短视频内容生产已经不仅仅是一种单一的组织生产模式，更是专业和草根的融合，是个人、媒体、大众与技术之间开放、协同的生产实践。

（二）渠道运营手段的创新

媒体产品的公共属性使得传媒行业具备规模经济和范围经济的特征。[①]一方面，媒体可以通过扩大生产规模实现平均成本的下降，从而获得规模经济的效应，另一方面也可以通过生产多元产品，采取范围经济的收益策略。在互联网络时代，数字化传播技术使得信息几乎可以不计成本地分享和传播，多平台的兴起一方面带来了媒体传播渠道的多样化，也割裂了用户的注意力，引发了传播资源的泛化。短视频平台的兴起极大地吸引了用户的注意力，广播电视不再是用户视听内容消费的唯一渠道，只借助广电媒介传播的内容难以到达大多数的用户。在此背景下，MCN 机构作为连接传统媒体机构与新兴平台之间的重要中介，对广电媒体的融合发展十分关键。一方面，MCN 机构多平台分发的机制，能够充分地开发媒体内容资产的价值，实现范围经济和规模经济效益的最大化；另一方面，多平台的分发策略必然在一定程度上提升广电媒介的渗透率和用户接触度，实现用户注意力资源的货币化。当前，各大广电媒体虽然纷纷加快短视频布局战略，或成立专门的短视频团队，如浙视频、看看新闻 Knews、北京时间等，或依托抖音、快手等短视频平台开通节目账号，但由于缺乏平台差异化传播策略和与用户的精准对接，广电短视频媒体呈现出同质化严重的特点，容易淹没在信息流当中，难以形成传播合力。而浙江广电旗下布噜文化和“黄金眼融媒”通过对传播内容的垂直化细分，在搭建平台的基础上提升全渠道分发的传播能力，加之对传播热点的精准把握，打造广电 MCN 的品牌产品。

媒体不仅需要有内容生产者，更需要有触达用户的传播渠道。相比大众传播时代的广播电视，抖音、快手成为视听媒介内容供应链上的关键节点，成为媒体内容与用户之间的门户垄断者。因此，基于短视频平台庞大的用户数量，与其自建平台不如与已有平台合作，更好地利用平台型媒体的流量资源，从而改善用户流失、渠道失灵的现状。对于广电媒体来说，MCN 机构有利于广电媒体在传媒产业链中实现纵向整合，多平台分发、流量资源的优化

① 道尔．理解传媒经济学［M］．黄淼，董鸿英，译．北京：清华大学出版社，2018：12.

配置使得广电媒体不单单是内容的生产者，更通过与平台的合作，基于平台方对于用户行为的分析、对传播取向的把握，在包装、发行、推送等运营层面提高媒体资源配置的效率，从而使产业的下游获得更大的市场权力。

（三）商业变现模式的拓展

广告是媒体收入的重要来源，媒体通过信息内容的生产与传递，在内容和用户之间建立联系，通过二次售卖的理论从广告收入中获益。因此，如果媒体内容无法真正地触及观众，就难以与用户建立相应的关系，也无法将用户的注意力资源货币化。目前，MCN 机构的主要盈利模式仍以广告营销收入为主，通过利用自身具备的 KOL 优势和全网传播的综合能力，根据广告商的要求量身定做，通过原生广告等内容输出形式实现营销。在广电媒体广告收入大幅度下降的背景下，借助广告收入导向的 MCN 机构有利于广电媒体实现转型发展。各大电视台有采用成立媒体 MCN 机构的方式，如黑龙江广电的龙广电 MCN、湖南娱乐频道的 Drama TV、江苏广电的荔星传媒等，还有与传媒公司合作的 MCN 机构如长沙广电与中广天择成立的中广天择 MCN、济南广电的鹊华 MCN 等，这些广电 MCN 通过借助自身的内容资源优势和平台及头部 MCN 的渠道运营模式，实现广告收入的增长。而湖南娱乐频道的 Drama TV 2020 年的收入将超过传统电视广告板块收入。[①]

除了广告收入，MCN 机构还有平台补贴、内容电商、课程销售、衍生销售、IP 授权等商业变现模式。对于广电媒体来说，部分主持人具备 KOL 的带货能力，专业的语言组织能力、亲切感以及个人风格和影响力都使得主持人具备 KOL 号召力强、关注度高、影响范围广的优势。如湖南卫视主持人张丹丹，在“张丹丹的育儿经”的抖音视频号上进行带货，经她推荐的儿童绘本有着不错的销量。此外，广电媒体拥有的优质节目也是 IP 资源开发的基础。广电媒体作为节目内容的生产者，拥有 IP 开发的所有权，通过多平台分发整

① 唐瑞峰．广电 MCN 收入超传统电视广告板块，八大转型案例可借鉴［EB/OL］.［2019-11-22］. https://mp. weixin. qq. com/s/jmq Ihi Igt Xl OIem RWPd_1A.

合，在用户市场日益碎片化的背景下，减少电视内容在窗口二、三级市场的巨大损失，实现内容资产价值最大化，拓宽广电收入的来源渠道。

三、MCN 的发展前景

（一）竞争格局：竞争加剧、头部效应

MCN 作为一种商业模式，随着短视频行业的发展而突飞猛进，MCN 机构数量、类别的跳跃式增加、市场规模的急速扩大也促使 MCN 行业竞争不断加剧。艾媒资讯报告显示，虽然近 5 年来，MCN 机构的数量和市场规模呈现高速增长的态势，但自 2018 年以来，MCN 机构数量和市场规模的涨幅明显放缓，显示出 MCN 机构同质化趋向、流量见顶、入局阻力变大的特点。此外，MCN 机构的发展逻辑仍没有脱离媒体产业规模经济效应的本质，因此，MCN 行业内的马太效应明显。2018 年，头部 MCN 撬动 60% 的市场规模[①]，而群聚效应也使头部 MCN 机构融资更加容易。未来的头部 MCN 将吸纳更多的内容创作者，掌握更多的平台资源，不断实现自身规模的扩大，中小 MCN 机构可能会面临进一步的行业内的淘汰与整合。

（二）内容形态：垂直纵深

在 MCN 行业竞争不断加剧的同时，各 MCN 机构对优质资源抢夺和变现局面也将不断升级。MCN 的本质是规模经济，如果人口红利和流量殆尽，MCN 的模式也难以继续获利。在未来产业边界明确、流量天花板见顶的红海市场，垂直化、细分化、定制化的内容能够使 MCN 更加瞄准目标受众，降低生产和运营成本，更加精准地进行创收，KOL 等引流方式也将带来更多的私域流量，激发行业发展的内生动力，带动流量格局的再分配。目前，MCN 机构在内容生产、产业形态、变现模式上已有垂直细分的趋势出现，不同属

① 克劳锐 . 2019 中国 MCN 行业发展研究白皮书［EB/OL］. 199it 网，［2019-06-10］. http://www. 199it. com/archives/856334. html.

性的合作平台也显示出自身的独特优势。

（三）5G技术：场景拓展

随着5G技术发展进程的加快，高速率、高容量、低延时、低能耗将给信息传播和社会发展带来极大的变革，用户视频化消费的能力将大幅度提高，人与物、物与物之间的连接将带来新型的平台，使得MCN机构有更多的应用场景，促进内容驱动的MCN产业向多个领域迈进。而万物连接或将颠覆MCN多平台分化的模式，人工智能技术的极大进步也将提升内容产出的效率，改变内容生产的模式，同时也进一步改变内容的呈现形态。

（四）产业规制：行业规范与媒体属性

随着MCN行业的快速发展，MCN机构作为内容产业链中的重要一环，其与内容创作者和平台之间的关系也需要进一步明确化和程序化，相关的行业规则也将促使行业规范性加强。同时，MCN机构以广告收入为主的盈利模式使其需要不断争夺用户的注意力资源，这必然促使MCN机构需要尽可能地考虑与社交媒体平台合作，通过社交媒体信息传播的实效性保持用户黏性，引起用户的关注。因而，新闻资讯在内容生产中的比重增加也将使得一些MCN机构的媒体化趋势愈发凸显。媒体作为面向大众传播的组织形态，其生产的内容具有广泛的社会影响，因而承担相应的社会责任。而随着广电MCN的加快布局，对于内容正确导向和价值观输出方面的要求也势在必行。

（五）海外布局

在国内流量空间逐渐饱和的同时，国内MCN机构也在借助TikTok（抖音海外版）和全球网红经济的风潮加速进军海外市场。庞大的用户流量使得抖音成为网红经济的重要载体，也是MCN机构合作的重要平台。同时，网红经济在全球市场仍有较大的增量发展空间，相比国内的抖音、快手等短视频平台，YouTube 20多亿的月注册用户量仍为MCN机构提供了广阔的海外市场。在 YouTube 上粉丝数超过 900 万的李子柒和超过 800 万的办公室小野都拥有超 10 亿的播放量，获取了巨额的广告收入，释放了 MCN 模式的潜能，这些成功案例也使得其国际化的发展方向和趋势逐渐明晰。

数字时代的奥运传播*

——社交化、云端化、共情化的新趋势

奥运传播在2012年推特引爆“社交奥运”之后迎来了新的篇章，在社交媒体如火如荼地发展、传播科技不断迭代的赛博时代，10年后的北京冬奥会在数字参与、数字互动和数字体验上展现了新面貌。社交媒体改变了传统奥运的传播框架，媒介技术革新延伸了奥运赛事的时空维度，用户使用习惯和媒介接触拓宽了奥运会的传播渠道。技术与内容的创新发展，将是下一阶段奥运传播的主流趋势。特别是社交化、短视频化等使场景即时呈现，技术驱动与内容创新成为提升传播效果的两大抓手。

“社交奥林匹克”的媒体时代，随着智能终端的普及，移动智能设备已经成为网民获取奥运赛事资讯最主要的渠道，各类新闻资讯软件则是奥运传播最重要的载体。2012年伦敦奥运会，美国全国广播公司（NBC）与推特开展全面合作，标志着奥运传播迈入“社交媒体奥运”的进程。10年来，奥运传播方式不断演进、传播形式逐渐多元、话语范式逐步发展，最终形成数字时代奥运传播的新趋势。

探索数字时代画卷奥运传播，不仅是了解当下奥运报道的规模特点，更是为今后疫情常态化、个人数字化场景下如何发展赛事传播寻求指引。

---

* 本文由田智辉与王雅平合作完成，收入本书时略有删改。王雅平系中国传媒大学互联网信息研究院硕士研究生。

一、问题的提出

半年多来，东京奥运会和北京冬季奥运会（简称冬奥会）的相继举办吸引了无数大众的目光，奥运话题在多个社交媒体频频刷屏，奥运传播适应新技术、新用户，构建出新的传播框架。

（一）媒介语境的人文转向

受益于国家实力的不断发展，奥运“金牌论”近年来逐渐式微，尽管媒体话语在预测结果时不可避免仍采用“有望摘金”等话语，但更多篇幅在于报道运动员背后的艰辛、历史突破和冷门项目，大众对于运动员的苛责减弱，媒体、网友理性看待“冲金失败”，舆论场呈现关怀、包容和理性分析。从0到3亿人参与冰雪运动，这个变化过程更多体现的是人们对未知领域的尝试与包容。数字化、社交化的传播渠道，带来了全新的传播模式，加大了传统媒体新媒体语态的变革压力。①

（二）数字技术的蓬勃发展

在传播技术不断迭代的赛博时代，2022年的北京冬奥会在数字参与、数字互动和数字体验上呈现出新面貌。在社交媒体、现场直播、短视频的传播链中，俯拾皆是发声者，大众在观看内容的同时生产内容，螺旋式上升的讨论热潮带来新的“传播热点”。传统媒体议程设置与私域流量娱乐话语激情碰撞。随着数字技术带来的传播渠道转变，社会化媒体等数字渠道在信息传播上扮演着更重要的角色。②

（三）传播主客体的同频共振

奥运报道对象与社交媒体用户的同频共振。北京冬奥会上，“运动员年轻

① 彭兰.新媒体时代语态变革再思考［J］.中国编辑，2021（8）：4–5.

② 彭兰.新媒体时代语态变革再思考［J］.中国编辑，2021（8）：4–5.

化”，而社交媒体最大用户群体为年轻人，群体高度重合背后是观点的相似性。谷爱凌发出新时代坚持所爱的声音与当下年轻群体“追求独特”的观点产生强共振，网络弱连接引发思想强连接。社交媒体上出现对选手的溢美之声。运动员的“偶像化”逐渐显现，同样是在大屏呈现的个体，在赛事期间运动员取代娱乐明星成为大众关注的焦点。

二、奥运传播的发展演进

（一）奥运传播媒介的演进

奥运复兴初期，传统媒体处于“布告栏”式宣传时代，主要实现记录保存功能；广电技术发展开启“体育电视时代”，媒介发挥“事件见证功能”；卫星转播技术为异地同步传播添砖加瓦，为观众提供“天涯共此时”的观赛条件；信息革命后，大众媒体纷至沓来，进一步挖掘比赛深度、有效推广奥运传播，“以内容为王”打破时空界限；社交媒体普及后，线上互动形成交流空间，让用户体验“海内存知己”的感受，媒介的发展不断推动奥运传播的扩大化、持续化。

（二）奥运数字传播的特点

对比传统媒介为主导的时代，数字技术的发展给奥运传播带来新技术，从2012年伦敦冬季奥运会“社交媒体元年”到2016年里约热内卢奥运会“直播元年”，再到东京奥运会“短视频元年”，信息技术使奥运传播更加有的放矢。其中，从传播框架来看，奥运数字传播主要有以下几个特征。

1. 新闻生产智能化

现代奥运会诞生100多年的历史，伴随着社会技术从工业化、信息化到数字化的变迁。技术更迭重塑奥运信息生产与传播的方方面面，也影响着人们“理解和思考的习惯”。

从纸媒到智媒，奥运报道中专项人机协作，机器人写稿、AI主播纷纷登上舞台，通过大数据预测奥运比赛结果。在转播赛事阶段，无人机助力奥运现场记录，随着赛场内外智能语音技术、人脸识别技术、AI 智能评分系统、智能物联网系统及翻译机器人、罚球机器人、导航机器人、安保机器人、清洁机器人等的广泛运用，人工智能技术对奥运文化进行着全方位的重塑。[①]5G 网络的普及、VR 技术开始广泛投放于赛事直播，并用云计算为奥运会向全球转播提供支持。

2. 多维传播模式

东京奥运会受疫情影响，观众席少了许多一线观赛选手，缺乏的一线专访内容在社交媒体上持续补充。在近几届奥运会上，社交媒体承担信息传帮带的重要功能，为用户提供深度参与的机会，给奥运传播带来新玩法。

社交媒体的出现是互联网时代的分界点，内容生产从 PGC 转向 PUGC、UGC 模式，信息传递由单向推送向实时互动、交流协同发展，人人都是自媒体，信息呈现从文字、图片向视频、直播等多元形式发展。

单调的比赛信息和获奖结果不再是用户唯一的关注点，运动员的场下生活、日常训练、成长经历成为信息社会的新谈资。观众从置身事外的被动观赛到置身其中的娱乐互动，信息传播向娱乐化方向延伸。

3. 媒介共生化

奥运会本身亦是“媒介—体育—文化”的复合体[②]，构建起人类交流、维护和平的全球关系网。媒介是国家、行业、个人之间的黏合剂。媒介在发轫之初以传统纸媒为主导，后又随波而变，广电技术实现声画同步，进而以计算机网络和智能终端为基石跨越式演进，突破时空界限，媒介的发展为奥运会构建起一种全新的传播生态。

奥运会一直致力于提高全球人民的关注度、增强用户体验，在信息传播即时化、碎片化的社会背景下，奥运传播的用户结构和媒介消费行为发生了诸多变化，媒介自身也在主动调整，通过多元形式、多重合作的方法展现出自身的特性。

---

① 徐来.“沉浸”与“连接”：人工智能在奥运文化传播中的技术运用与伦理探讨［J］. 新媒体研究，2021（18）：3.

② SPORT C. The media：the unruly trinity［J］. Issues in Cultural and Media，1999.

（三）2022 年北京冬奥会的传播现状

从 2020 年北京冬奥会的数据来看，国际奥委会（IOC）表示，北京冬奥会已经成为历史上收视率最高的冬奥会。① 美国全国公共广播电台（NPR）公布的调查结果显示，奥运赛事的电视收视率在不断下降②，此消彼长，社交媒体已经成为年轻群体关注奥运会的新形式。2 月 15 日，全球奥林匹克社交媒体账号的互动量累计达到 25 亿次，在中国的互动量超过 8 亿次。

社交媒体和流媒体在奥运会期间活跃度猛增，120 多个国家奥委会官方机构提供的数据显示，社交媒体参与度增长 370%，流媒体数据在开幕式当天反应明显。

在传统电视收视率走下坡路的情况下，社交媒体迅速成长为普罗大众关注奥运赛事的重要渠道。主流媒体也开始向移动端发力，拥有最强数据中心的央视频利用资源优势创新赛事传播业态，与多个企业达成赛事转播视频战略合作。中国移动咪咕获得直播和点播内容权益，引入退役老将进行专业解说，吸引网民关注。短视频头部平台快手分获赛事转播权，邀请“快嘴”主持人送“报”热点内容，时时掌控每日赛事动态。多个平台多管齐下，共同实现奥运传播的多次破圈。5G 融媒体平台的央视频、短视频头部平台的快手、体育赛道平台的中国移动咪咕，在冬奥会赛事的报道中都为观众带来了全新的观赛体验。总体来说，奥运传播借由社交媒体和技术发展实现社会化传播的转向。

三、北京冬奥会中的传播特点

（一）强连接：打造奥运传播“圈层化”

自伦敦奥运会开启首届“社交奥运”后，运动员、国家队也纷纷开启社交媒体账户，赛事期间，运动员通过图文、视频、直播等方式与用户互动。

---

① 资料来源：http://www. news. cn/2022-02/21/c_1128401107. htm.

② 资料来源：https://www. npr. org/2022/02/22/1082461546/no-medals-for-2022-beijing-olympics-the-games-drew-their-lowest-u-s-ratings-ever.

在北京冬奥会期间，运动员们累计发布1520条微博[①]，其中谷爱凌多次通过微博回复用户调侃，自称“黑马”的高亭宇则在微博上写了一篇赛后小作文。

冬奥会期间，运动员们更倾向于在社交媒体上表达他们的感受，如女子冰球运动员于柏巍赛前发了一条微博“不管怎样！姐妹们都在呢！”为比赛加油打气，比赛之后，又发布了一条在奥运村做美甲的视频，作为特殊的冬奥记忆，不同主题的内容传递了运动员的拼搏精神与赛场外的生活气息。

恰逢春节假期开场的北京冬季奥运会，无时差的条件吸引了大量国内用户观看，尽管冬季奥运会项目不像夏季奥运会项目常见，但伴随着专业人员的解说、冰雪运动知识的普及、主流媒体的引导，社交媒体助力冬奥传播进入全民时代。对比往届冬季奥运会，花样滑冰和短道速滑独树一帜地吸引观众注意力，本届冬奥会首钢大跳台、单板滑雪项目备受关注。

社交媒体为人际交往打开“强连接”通道，并呈现出“圈层化”趋势，圈层是个体以立场、兴趣、价值观或情感纽带为核心形成的社交网络，在这个圈层中，群体有着共同的关注焦点、相似的认知、独特的语言文化。

从2016年里约热内卢奥运会开始，已有学者关注到奥运报道中唯金牌论式微的踪迹，媒体在进行新闻采编的过程中，从放大夺冠者成绩、围绕冠军生平等严肃性话语范式逐渐向娱乐化、诙谐化、大众化的趋势转向，从运动员训练过程中寻找与网民用户的共同点，“美美与共、和而不同”，比如东京奥运会期间、北京冬奥会期间，微博用户沉浸式参与实时讨论。

社交媒体使运动员和用户实现双向互动，如短道速滑选手任子威通过快问快答普及短道速滑小知识。社交媒体除了对赛事进行现场直播，还提供多元自制内容、短视频挑战赛、魔术表情等各类热门互动游戏。

微博建立了完善的奥运传播矩阵，此番参赛的176名中国国家队运动员均已开通微博，入驻率达100%。北京冬奥会期间，他们在微博上记录赛场内外的感受，与微博用户“隔屏”互动。此外，超过60名运动员在超话参与互动，冬奥会期间，微博平台上与运动员相关的热搜多达1574个，以“围观”

---

① 资料来源：https://finance. sina. com. cn/tech/2022-02-26/doc-imcwipih5470511. shtml.

和“出圈”定位，通过打造全民奥运的社交场景，吸引用户参与，提供全方位观赛体验。

（二）“云思维”：从“缺场”到“在场”

受疫情影响，北京冬奥会延续着“缺场”文化，云端传播也进一步推进奥运媒介化的发展，成为大众感知奥运、体验奥运的新渠道。

云端技术的逐步成熟为奥运会传播实践铺平道路，沉浸化与个性化推动着奥运赛事媒介化呈现的转型，提升了个人对奥运会的关注度[①]；多元移动客户端的参与让用户的观看脱离电视的单一渠道，社交媒体等平台加入奥运转播赛道；评论点赞、弹幕互动、直播回复等线上互动实现观众多重参与互动赛事传播，也为后疫情时代的赛事传播提供借鉴。

媒介奇观是指能体现当代社会价值观、引导个人适应现代生活方式，并将当代社会中的冲突和解决方式戏剧化的媒介文化现象。在新冠疫情背景之下，全民参与、全民围观的线上奥运成了一种新的媒介奇观。互联网主导的传播环境下的媒介奇观概念，与广播电视盛行期相比有了多重含义。凯尔纳认为，媒介奇观对个体的人生观、价值观具有建构作用，个体意识将被裹挟于现代高度娱乐性的生活方式之中。[②]

在以短视频、直播、VR 新闻为载体的全新媒介奇观中，传播主体、广大观看者、制作者再次形成“众神狂欢”式的文化景象，契合了巴赫金在其狂欢理论中提出的平等性、开放性的“第二种生活世界”及其狂欢景象。算法、大数据、全息化甚至人机合一等技术的运用会逐渐主宰原有体育媒介化进程，深度影响重大体育事件的形态。[③] 数字技术不断丰富用户的观赏体验，速度滑冰等项目的世界纪录实时动态、花样滑冰中通过媒介技术还原运动员的圈数

---

① 钟新，蒋贤成．全球同心、多级对话、情感共鸣：北京 2022 冬奥会“云端”国际传播的基调、路径与愿景［J］. 成都体育学院学报，2022（1）：14.

② 胡翼青，吴欣慰．“奇观”之于“景观”：论凯尔纳对德波的跨文化解读［J］. 新闻与传播研究，2013（11）：60.

③ 魏伟，尚希萌．体育媒介化：从媒介体育到体育重大事件［J］. 上海体育学院学报，2021（7）：45.

轨迹，这是观众即使身处现场也难以感知的“超真实”。

尼克·库尔德认为，现代社会是被媒介系统所渗透和制约的媒介化社会。[①]而在疫情之下的奥运传播中，媒介化发展延续沉浸式与个性化两种特点，推动体育赛事传播转型。从东京奥运会到北京冬奥会，“云端奥运”的传播生态为后续体育赛事的传播模式、互动方式提供了借鉴。

（三）共情化：民心相通、情感共振

所谓“共情”，顾名思义，是指人与人之间能够达到情感的共振，理解对方的独特经历，并做出反应的能力。人类社会长期面临不可避免的地理差异、纷繁复杂的经济形势、发展变化的科学技术，“因为这种隔离导致的社会风俗习惯、宗教观念、意识形态、行为方式和社会制度等存在较大的差异，结果往往带来恐惧和敌视、偏见与误解”[②]。在世界多极化的情况下，各个国家间的合作、不同种族间的相互理解尤为重要。

数字时代打破了传统时代人们“面对面互动”才能形成共情的局限，并将这一共情能力扩展到全人类。在北京冬奥会上，从开幕式的“放飞和平鸽”，到闭幕式的杨柳送别、“一起向未来”口号响彻全场，“人类命运共同体”的重大倡议被演绎得淋漓尽致。

习近平总书记多次在讲话中提出“融通中外”的国际传播理念，党的十八大以来，中国对外话语在内容构建上充分体现出共情、共通、共享的特征。“万物皆可共情、人类普遍共情，共情是人类与生俱来的一种能力。”

在媒体主导、平台主推、用户主搜的三者力量之下，北京冬奥会热度自开赛以来就居高不下、“开幕式有趣热搜盘点、首金日触达用户数大爆发、官媒互动玩转谐音梗”等都成功加速奥运文化出圈。奥运既给疫情阴霾下的人们提供了情绪出口，也满足了民族自信的当下人们对正能量文化的需求。

---

① 库尔德里 .. 媒介仪式：一种批判的视角［M］. 崔玺，译 . 北京：中国人民大学出版社，2016：12.

② 吴飞 . 与他人共在：超越“我们”/“你们”的二元思维——全球化时代交往理性的几点思考［J］. 新闻与传播研究，2013（10）：5.

用户在社交媒体上通过浏览、点赞、评论、视频发布或与其他用户的互动巩固了社交平台用户之间的“弱连接”，增强了奥运参与的体验感，个体情感能量在互动过程中不断上升，来自陌生人的分享与点赞让用户获得满足感，个体在参与的过程中构建身份形成文化认同，产生“同一”的归属感。

从“由物及我”的情绪感染，到“由我及物”的观点采择，对信息进行选择、判断、加工，再到“三级文本”的共情扩散，评论、弹幕表达内容先入为主地引导网民认同。① 构建基于情感共鸣的合意空间，通过选取引发共情的传播话语，以生动形象的方式呈现的故事能让更多人感受到奥运会的魅力，并积极参与奥运传播。

在奥运会期间，无论是媒体报道中的新闻选择、运动员自身的观点表达、还是用户参与的热议话题，都是情绪传播的一部分。② 情绪传播是个体或群体的情绪及与其伴随信息的表达和分享行为。在媒介技术不断发展的当下，情绪传播在大众传播中不断凸显，而社交媒体的互动过程加强了情绪在网络中的传染性。通过互动进行情绪分享，个体不断增强对赛事的关注度。

四、奥运传播的演进逻辑

在关注媒介表达与数字传播时，如何探索奥运传播的新范式成为学界关注的焦点，当前，通过对半年内两届全球重大奥运赛事的观察，我们认为未来赛事传播将出现几大方向。

（一）社交化传播

需要注意的是，此次北京冬奥会在国内外引起广泛关注，一部分原因是受到半年前东京奥运会连带效应的影响，海内外用户迫不及待地想看到中国

---

① 周榕，吕诗俊，张德胜．奥运会中的跨文化共情传播与实践创新路径：对 2022 年北京冬奥会传播的思考［J］．新闻与写作，2021（10）：102.

② 赵云泽，刘珍．情绪传播：概念、原理及在新闻传播学研究中的地位思考［J］．编辑之友，2020（1）：52.

将在疫情之下交出一张怎样的答卷。

全球化使社交媒体平台与用户连接更广泛，数字时代技术的发展对社会的影响是多方面的，但最为深刻的还是人们互动方式的变化。信息革命改变了社会经济活动形式，尤其是虚拟经济的出现，包括网络游戏、网络直播、网络通信中的数字经济彻底颠覆了传统经济模式。

网络社会的兴起改变了自我身份界定和社会认同的方式。运动员和用户不用“面对面”物理接触就能实现线上互动。

（二）云端化赛事

社交媒体的应用解决了广泛用户的在场问题，曾经一票难求的奥运赛事转向手机在线转播，使观众“虚拟在场”，正如麦克卢汉所认为的，一切技术都是人体的延伸，媒介让用户能在同一时间异地欢呼，在一个直播空间中发表言论。根据英尼斯媒介偏向理论，媒介具有时间偏倚（time bias）和空间偏倚（space bias），而社交媒体既可以突破时间限制，又可以跨越空间进行传播。

互联网的出现一方面强化了某些固有的地域偏见，另一方面也正在消弭一些传统的地域偏见。地理阻隔是传统社会形成地域偏见的重要原因。特定的环境要求严重阻碍了大众对冰雪项目的亲身参与，制约了南方地区居民对冰雪项目的了解。

（三）共情化传播

奥运会已然成为全民参与、共情分享的标志。人们不再执着于金牌本身，而会青睐更丰富的观赛形式、更多样的赛事内容选择，享受体育竞技的过程，感受奥运精神的魅力，对于赛事爱好者而言，赛事的输赢结果已是其次，人们更关注奥运健儿在赛场上的精彩表现。

社交媒体平台为奥运观众提供渠道共享赛事，评价赛况成为观赛所需，奥运会观众通过线上平台了解奥运会的赛前预测、参与赛中技术评论与助威、进行赛后结果评价与情感宣泄，同时了解其周边信息。奥运话题下的评论区成为观众互相交流的空间，使观赛不仅限于“观”，参与赛前赛后的热门话题讨论也成为观赛中重要的一环。

民族自豪感、荣耀感和归属感是观众情绪的主要构成，这也决定了奥运观众的情绪波动比其他大众赛事更加强烈。作为社交平台的微博，它通过对用户集体情绪的把握，有针对性地进行话题编排与设计，进而实现一定的“出圈”效应，平台读懂观众情绪，激发圈层共鸣，给奥运观众提供了更多宣泄情绪、寻求情感共鸣的空间。

结　语

2022 年是体育大年，在疫情常态化之下，杭州亚运会、卡塔尔世界杯等一系列超级赛事仍在延续。体育传播链的方向和趋势也将有助于未来赛事的宣传。

从这个维度来看，各类社交平台关注到体育垂类的传播趋势，如何打造可持续的体育生态也是未来需要研究的方向。北京冬奥会作为新冠大流行以后首次如期举办的全球体育盛会，让世界看到了中国的自信和从容。

数字技术的泛化倒逼传播渠道“平台化”和触达场景“多元化”，从而引发媒介融合的浪潮。[①] 未来已来，循着奥运传播的发展趋势和科技应用，数字化时代，体育传播社交化、云端化、共情化的转型不可避免，体育赛事的传播模式也从高度依赖传统媒介的大众传播模式，转向以社交媒体为主要载体的数字传播模式，为后续体育赛事传播构建了全新的传播生态。

---

① 资料来源：https://www. sohu. com/a/342098669_809031.

游戏劳动理论视域下的青年玩家退游现象初探*

——以《王者荣耀》玩家为例

一、引言

随着互联网与移动电子设备的普及，电子游戏已然从边缘化的娱乐活动升级为全民性的娱乐狂欢。与此同时，21 世纪以来，中国游戏业发展迅猛。数据显示，截至 2021 年 12 月，我国网络游戏用户规模达 5.54 亿，较 2020 年 12 月增加 3561 万，占网民整体数量的 53.6%①；与此同时，2021 年中国游戏市场实际销售收入已达 2965.13 亿元②，其中移动游戏占市场份额的 76.06%。

《王者荣耀》（以下简称“王者”）是腾讯天美工作室于 2015 年公测的一款 MOBA 类手游。在腾讯社交平台 QQ、微信社交网络基础上，“王者”已然成为一款现象级全民手游。青年作为网络空间的活跃主体成为“王者”的主流玩家。然而近两年来，“王者”玩家中涌现出一股“退游潮”。互联网上，相关退

---

* 本文由田智辉与邓新宇合作完成，收入本书时略有删改。邓新宇系中国传媒大学互联网信息研究院硕士研究生。

① 数据来源：中国互联网络信息中心（CNNIC）在北京发布的第 49 次《中国互联网络发展状况统计报告》。

② 数据来源：中国音数协（GPC）、伽马数据（CNG）、国际数据公司（IDC）联合发布的《2017 年中国游戏产业报告》。

游话题引起广大网友共鸣。截至 2022 年 8 月 14 日，国内知名网络问答社区知乎中“2022 年《王者荣耀》退游人数直线上升了吗？为什么？”一问题浏览量已达 249.4 万，共计 753 个回答。借助微博舆情监测工具微热点，笔者发现 6 月 22 日到 6 月 28 日这 7 天时间范围内，“退游”关联词的词云图中，“王者荣耀”“王者”等关键词出现频率居高，足见“王者”玩家退游现象已不是个例（见图 1）。

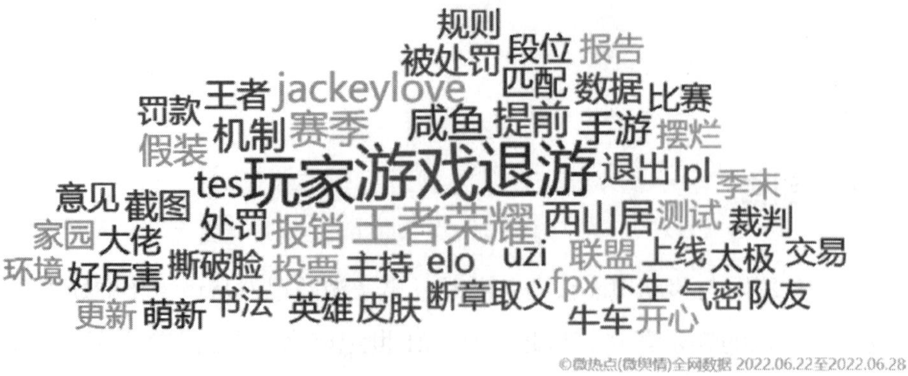

图 1 “退游”关联词词频

二、文献回顾

（一）游戏的进路：从超越性和审美意义谈起

在游戏的古典主义理论渊源中，康德和席勒等许多哲学家从美学意义上对游戏进行探讨。[①] 游戏与艺术似乎有着天然联系。康德最早将游戏与作为审美活动的艺术相联系，认为游戏和艺术一样，通过区别于一般性劳作来确立自身的意义，他将美的艺术视作纯粹的精神游戏。[②] 席勒继承和发展了康德的游戏理论，同样区分了游戏与以功利为目的的劳动，认为游戏和艺术都是精神自由

① 宗争．游戏符号学的意义与价值［J］．符号与传媒，2020（2）：128–140.
② 康德．判断力批判［M］．邓晓芒，译．北京：人民出版社，2002.

状态的象征[①]……艺术和游戏在人类的意义世界中有着不言而喻的共性。

游戏的专门性研究，始于赫伊津哈。他称“游戏乃是人类文化的基础”，并提出“游戏的人”的概念，借此来反对现代化的工具理性对人类游戏精神的压抑，将游戏摆在了与理性、劳动、经济对等的高度。[②]赫伊津哈、伽达默尔与康德、席勒等人的游戏观也有共同点，都认为游戏是自由的象征、具有美学意义，同时也是精力剩余的产物。

虽然古典理论的学说存在着种种科学性缺陷和时代束缚，但仍能带给当代游戏开发者和研究者以重要启示：归根溯源，游戏具有审美和超越性，能带来精神层面的积极体验。

随着电子游戏的兴起、多种移动游戏终端的普及，越来越多的学者认识到电子游戏的负面影响。数字时代的游戏文化愈发注重底层的程序逻辑，使得游戏的程序和框架的修辞作用愈加明显，游戏研究“控制论”由此而来，它强调游戏对人的反作用，尤其是对人的异化作用。学者邓剑曾对我国当代游戏史进行溯源，他认为，20世纪纸媒带来的具有超越性的游戏文化和集体符号已成为历史，当时的游戏带来的政治和精神能量也已经与当下的游戏者无涉，当下的电子游戏玩家被动地服从资本化的游戏构境，成为恭顺的动物。[③]

在信息平台化的大环境下，电子游戏在一定程度上丧失了原有的艺术审美和游戏超越，玩家成为游戏机器的劳工。

（二）玩工：游戏中的“瘾性劳动”

最早将玩工（Playbour）这一概念以专用名词的形式提出的学者是北爱尔兰学者 Julian Kücklich。他认为，“玩工”是一群热衷于网络游戏并在无意识

① 席勒．审美教育书简［M］．张玉能，译．南京：译林出版社，2009.

② 周逵．作为传播的游戏：游戏研究的历史源流、理论路径与核心议题［J］．现代传播（中国传媒大学学报），2016，38（7）：25–31.

③ 邓剑．中国当代游戏史述源：以20世纪的游戏纸媒为线索［J］．新闻界，2019，（3）：70–79.

中为游戏公司产出利益价值的玩家。[①] 他认为玩家在游戏中投入了大量社会必要劳动时间，为游戏公司产出价值却得不到任何回报。随着网络游戏逐渐成为网络社会的主流娱乐活动，不少政治经济学者从不同的角度切入深耕此领域。

截至目前，西方学者对于游戏玩工的讨论已经初具规模。从政治经济学的角度出发，代表学者福克斯认为被娱乐表象遮蔽的隐性劳动关系是对用户个人关系及社会资本的窃取。[②] 有学者探讨了数字时代游戏玩家的劳动机制以及游戏平台的"同意制造"手段。[③] 有学者认为游戏玩工的运作模式已经从电子游戏行业渗透到各行各业[④]，甚至在意识形态与经济两个维度推动了资本向人们日常生活领域扩散。[⑤]

国内的游戏研究仍处于起步阶段，对游戏劳工的考察相比国外更加具有本土化特点。研究主要聚焦于从理论层面对游戏玩工发展进路进行剖析[⑥]、分析网络游戏平台上各类玩工遭遇的不同剥削境遇。[⑦] 一些学者关注玩工的自愿劳动机制和原因，比如：游戏的预编程叙事如何将玩家转化为积极劳工，并克服重复性劳动的厌倦并最终形成玩工产业链。[⑧] 在更宏观的层面上，有学者

① KUCLICH J. Precarious playbour：modders and the digital games industry [J]. Fibreculture Journal，2005 (5) .

② FUCHS C. Digital labor and Karl Marx [M]. New York：Routledge，2014：128–130.

③ ARVIDSSON A，SANDVIK K. Gameplay as design：uses of computer players immaterial labour [J]. Northern Lights：Film&Media Studies Yearbook，2007 (5)：89–104.

④ DYER–WITHEFORD N，PEUTER G. Games of empire：global capitalism and video games [M]. Minneapolis：University of Minnesota Press，2009:15–20.

⑤ TAYLOR，NICHOLAS.Alienated playbour：relations of production in EVE online [J]. Games and Culture，2015 (10)：365–388.

⑥ 刘皓琰 . 玩劳动与玩工的剥削机制研究 [J]. 天府新论，2019 (1)：11–17.

⑦ 吴鼎铭 . 互联网时代的"数字劳工"研究：网络"受众"研究的政治经济学视角 [D]. 武汉：武汉大学，2015：62–69.

⑧ 宋嘉伟 ."肝动森"：休闲玩工的形成——对《集合啦！动物森友会》的数字民族志考察 [J]. 新闻记者，2020 (12)：3–19.

关注游戏产业平台运作以及玩家为平台做出的增值劳动[①]、游戏产业与信息产业的融合趋势。

总的来说，学界已经意识到游戏正在被资本主义纳入剥削体系之中，作为游戏玩家的劳工在游戏平台“统一制造”的架构下付出无回报的社会必要劳动时间。但目前为止，学界的关注点暂未聚焦到游戏机器之下，普通玩家的抵抗和能动的话语实践——玩家在经历无法撼动的游戏架构和规则带来的消极体验和倦怠后产生的“反连接”行为，即退游和淡游。

（三）断连：技术的反连接与再驯化

1. 连接与断连

数字化和网络化信息传播技术的发展和普及迅速把我们带入了一个充满“永久性连接”（endless contact）的时代。[②]然而“永远在线”状态造成的个体劳动过载和社会加速压力也被视为一种日益沉重的负担。同时，人们的媒介依赖行为愈发严重，网络成瘾和手机依赖挑战着用户的自主性。

在这种情况下，反连接作为过度连接的修正行为，受到学界的广泛关注。

有学者认为断连实践的主要诱因是社交倦怠，例如彭兰认为万物互联的网络让人与人之间过度连接，这样的过度连接对互联网用户造成了倦怠与压迫、线上关系对线下连接的挤占等压力。[③]有学者从被遗忘权的角度探讨断连的必要性[④]，开放性和连接性使得诸如微信朋友圈等社交媒体在圈层的不断扩

① 蔡润芳.平台资本主义的垄断与剥削逻辑：论游戏产业的“平台化”与玩工的“劳动化”［J］.新闻界，2018（2）：73-81.

② KATZ J E，AAKHUS M A. Conclusion：making meaning of mobiles-a theory of apparatgeist［M］//KATZ J, AAKHUS M，eds..Perpetual coltact：mobile communication，private talk，public performance.New York：Cambridge University Press，2002，pp. 301-318.

③ 彭兰.新媒体用户研究：节点化、媒介化、赛博格化的人［M］.北京：中国人民大学出版社，2020. 5.

④ 何静，李凌霄.从遗忘到断连：万物皆媒背景下保护个人隐私的逻辑［J］.声屏世界，2022（4）：30-32+78.

大和叠加下出现语境消解，引发隐私边界模糊和泄露等问题。① 也有学者基于时间管理软件，探究媒介受众如何重构人类行动者的自主性空间。② 此外，特殊群体的断连现象也受到关注，如跨性别群体的断连 ③、老年群体的媒介消极使用行为。④

2. 数字戒毒：劳工的反抗

除了数字应用中的“脱离”现象，部分人也关注互联网技术作为技术发展史的一部分在其迭代中所遇到的共性的“技术排斥”特征，并将这一特征下的反连接行为喻为“数字戒毒”（digital detox）。Syvertsen 和 Enli 将数字戒毒定义为“与社交媒体或即时通信软件的定期断开，或减少参与数字媒体的一种策略”⑤。

李子仪等人在研究中指出“反连接”“数字解毒”等行为是由于长时间、全平台的数字劳动造成的，而断连作为一种对自身数字劳工化趋势的反抗，可比作“数字罢工”⑥。那么，电子游戏的数字劳工是否遵循同样的逻辑？

结合以上文献回顾，笔者试提出以下研究问题：以《王者荣耀》为例，在网络电子游戏丧失了超越性和审美初衷的大环境下，选择“退游”或“淡游”的游戏玩家有什么行为机制？又受到何种影响？作为玩工的游戏玩家如何摆脱游戏平台“统一制造”的圈套，并将游戏技术再驯化？

---

① 洪杰文，段梦蓉. 朋友圈泛化下的社交媒体倦怠和网络社交自我［J］. 现代传播（中国传媒大学学报），2020，42（2）：76–81+85.

② 黄典林，刘晨宇，杨润苗. 弹性断连、专注力管理与数字化时代的自我边界工作［J］. 新闻与写作，2022（6）：14–26.

③ CANNON Y，SPEEDLIN S，AVERA J，etc.Transition，connection，disconnection，and social media：examining the digital lived experiences of transgender individuals［J］. Journal of LGBT Issues in Counseling，2007（11）：68–87.

④ 方惠，曹璞. 融入与“断连”：老年群体 ICT 使用的学术话语框架分析［J］. 国际新闻界，2020，42（3）：74–90.

⑤ SYVERTSEN T，ENLI G. Digital detox：media resistance and the promise of authenticity［J］. Convergence，2020，26（5–6）：1269–1283.

⑥ 李子仪，姬德强. 数字劳工的“罢工”？——作为加速社会“减速策略”的数字反连接研究［J］. 新闻界，2021（11）：43–55.

三、研究设计

（一）研究方法及抽样

本研究采用半结构化的深度访谈方法。笔者深入采访受访者，以深入揭示受访者退游和淡游的行为、心理、认知、态度等各个方面的信息。研究采取滚雪球抽样的方式，先选取笔者身边退游“王者”的玩家进行访谈，并请他们介绍有类似经历的对象逐一对其进行访谈。

（二）访谈对象

为了尽可能地达到访谈的预期效果，笔者进一步明确抽样框，即所选取的样本必须有丰富的游戏经历（对战场次在3000场以上），并且目前已经产生退游（卸载游戏达3个月及以上）或者淡游（平均每周游戏时长不超过1小时）行为。最终样本包含10名访谈对象，如表1所示。

表1　访谈对象信息

昵称	年龄	职业/身份	游戏年龄	目前游戏状态
F女士	24岁	研究生	4年	退游
S先生	25岁	海外留学生	6年	退游
Z先生	26岁	互联网运营员	6年	淡游
Y女士	23岁	行政人员	3年	退游
M女士	20岁	学生	2年	退游
A先生	28岁	机电技术员	3年	淡游
Q女士	19岁	学生	2年	淡游
J先生	24岁	金融从业者	4年	退游
D先生	25岁	程序员	4年	退游
C女士	22岁	宣传员	3年	退游

（三）访谈方式及过程

本次访谈采取面对面访谈或者线上访谈的方式进行，每位受访者的访谈时长控制在1小时左右。访谈从开始到结束，总共用时两天。访谈内容围绕以下几个方面进行：受访者的游戏经历及退游经历；受访者“卸载”“安装”“淡游”“退游”等行为的动机及影响因素；对游戏的个人认知以及对“王者”的情感态度与个人感知，并在访谈时依据个人情况针对性发散问题。在获取访谈对象知情同意后，对全过程进行录音记录。

（四）数据分析过程

笔者利用语音识别软件将访谈内容转成文字，并人工转录校对内容。将文本导至入化分析软件 Nvivo，遵循主题分析的六步法[①]对访谈材料进行编码，即熟悉材料、初步编码、寻找主题、检查主题、定义和命名主题，最终得出结论。

四、研究发现

（一）网络游戏的底层逻辑：算法宰制与审美阉割

从早期的雅达利、任天堂到现在的腾讯、Switch，电子游戏的类型从街机到手游不断更迭。在互联网与平台经济高度发达的背景下，网络游戏被认为是文学文本与算学文本的双重构镜，有一部分学者意识到游戏算法对玩家的隐性操控与变相剥削。玩家提供肢体接触控制输入设备，操纵基于算法的对象；这些对象以可量化、可比较的数据形式被纳入算法秩序。玩家操控“数字元件”并不意味着他们是自由书写的主体，而是依照游戏机器的叙事反复操作元件以使游戏程序运转。而算法会对不符合预期的惩罚进行“排异”，这就导致玩家难以察觉剥削的存在，而只能从中发掘自我剥削的瘾性快感。[②]玩

---

① BRAUN V，CLARKE V. Using thematic analysis in psychology［J］. Qualitative Research in Psychology，2006，3（2）: pp. 77–101.

② 邓剑．算学文本：21世纪网络游戏的文化逻辑［J］．探索与争鸣，2021（9）：168–176+180.

家在或“肝”或“氪”的消费欲望中产生身份幻想，并在游戏技术的框架下被技术规训，无法获得超越性的审美体验和情感空间，甚至沉溺在资本平台架构的竞争机制、消费氪金、等级排名的 21 世纪“计算机神学”中被动地服从游戏平台所构建的“魔圈”，成为亚力山大·科耶夫（Alexandre Kojève）所论及的“动物”化的顺应者。①

事实上并非所有玩家都会恭顺地伺服于游戏平台，虽然未能完全跳脱出游戏算法的框架，但接受访谈的退游对象中不少人已经意识到游戏算法秩序的陷阱，并且发觉自身的精神需求并不能在“王者”中得到满足。Z 先生提到了“王者”的匹配机制，他觉得腾讯通过不合理的 ELO 机制来控制玩家的胜率，从而保障游戏日活最大化：“就好像你的胜率是系统定的，跟你本身毫无关系。不是我玩游戏，是系统在玩我。”D 先生对游戏有着自己的追求，并认为“王者”无法满足自身高级的精神需求：“游戏对我而言好似吃饭，不同的是，游戏是一种高级食材，满足我更高一层的感受。随着玩过的游戏越来越多，我愈发觉得‘王者’食之无味。”

（二）游戏玩工的反身性思考：“劳动”倦怠与乐趣升级

重复性的游戏劳动难免会引起玩工的“劳动”倦怠，F 女士认为“不管游戏、生活，还是政治，竞争机制都是刺激人的欲望或者虚荣心的手段，但是它让我很疲惫，我有种气馁的感觉，被排位牵着鼻子走”。这种摒弃了精神满足的享乐带来的不适感引起部分玩家的自反性思考。

吉登斯在《现代性的后果》中提到了反身性的概念，即反思与自反，反思是“对于行动的反思性监测”，自反则体现在吉登斯对现代性的两个阶段的划分。② 我们可以将其理解为现代性本身的特点，一种基础的思考模式。同样的，笔者借用这一概念来理解作为“玩工”的玩家在消极体验、游戏倦怠产生后的能动性思考及主动性“断连”。Morley 也指出，媒介受众会对于自己的

---

① 科耶夫．黑格尔导读［M］．姜志辉，译．南京：译林出版社，2005：519.

② 吉登斯．现代性的后果［M］．田禾，译．上海：译林出版社，2011：3.

媒介消费行为进行道德判断，进而影响其意义诠释的过程。

首先，玩家的反身性思考促使玩家对游戏世界与现实的落差进行反思，进而促使玩家避免游戏沉迷，能动性地抵抗“玩工”的游戏框架。比如，M女士在访谈中提及“整天打游戏，我觉得对我的眼睛不好；打完了游戏又觉得一天时间全都浪费在这儿，会觉得有一种失落感，就是不舒服，很后悔。‘王者’不能使我的生活变得有意义，我有更重要的事情要做，比如学业、比如运动健身，就干脆卸载掉了”。

其次，玩家的反身性思考促使玩家对目前接触的游戏与理想游戏的落差进行反思，进而衍生出更加高级的、注重自身提升和艺术享受的游戏追求。S先生作为“王者”6年的老玩家，在最近一两年逐渐淡出游戏并最终退游，他认为“王者”远达不到他对“好游戏”的定义:“退游的一个原因是我觉得‘王者’的背景故事、皮肤建模和对战设置越来越低龄化了，一切都像儿戏，这已经低于我对‘娱乐’二字的最低标准了。一款好游戏是要带给玩家启发的，这个启发可以是任何方面。比如使命召唤系列让玩家体会到战争的残酷与和平的珍贵；只狼借角色之手让玩家体验奉献、隐忍、忠诚等品质，并让无数的西方玩家为壮丽的东方美学所震撼；奥日系列则讲述了一个关于爱、友情与勇气的故事，更是有电影级的画面和配乐加持。以上这些珍贵的特质，‘王者’通通没有。”受访者D先生也认为“一款好的PVP游戏，玩家与游戏开发者相互尊重，相互理解，相互包容，相互沟通；像‘王者’现在这种游戏环境，皮肤质量，以及对局体验，只能说狗见了都摇头”。

（三）瘾性劳动与数字戒毒：游戏断连与技术再驯化

在感受到倦怠、认识到落差后，一部分玩家会能动地进行游戏断连：比如主动调节“王者”游戏时间，转移生活和娱乐重心，甚至直接卸载游戏，强制断连，以抵制游戏成瘾和游戏依赖带来的负面影响。

对于多数受访者而言，退游是一个渐进且往复的过程，反复卸载并反复下载的行为并不罕见。F女士称自己曾反复卸载并安装“王者”不下20次。

但当玩家开始产生反游意识并抵制游戏机器对自我精神的规训权力时，

在“使用—不使用—再使用”这种循环往复的现象中，玩家会对技术进行能动地“再驯化”，这一过程会让人们反观自己的游戏使用历程，将自己的角色由一个平台资本控制的“玩工”转变为能动的玩家，并利用游戏的可玩性使其能动地为自身福祉服务。例如S先生表示，他即使将游戏下载回来，打的也都是无所谓胜负的娱乐模式，借此在高强度的学习环境下放松自己。

（四）退游戒断的反复现象：共玩拉扯与社交赋魅

学界和业界普遍认同网络游戏具有强烈的社交属性，对于“王者”这样一个基于腾讯系社交软件的关系网络建立的拥有广大玩家基础，同时可以读取用户QQ、微信中的社交关系信息的移动游戏而言更是如此。有研究者认为，玩家之间会通过游戏系统建立起相互依赖的关系。① 事实上，访谈资料显示，社交关系与游戏共玩在玩家的退游与淡游行为中也发挥着重要的中介作用，往往是玩家卸载游戏后反复安装的主要诱因。

其一，共玩成为有退游意愿的玩家“反连接”过程中的主要阻力。在问及玩家卸载后再次安装的反复行为发生的原因时，不少玩家表示，共玩邀约是他们再次安装“王者”的重要原因。A先生向笔者透露，他反复下载的原因更多还是朋友的邀请：“很长一段时间内，我都没有再碰过‘王者’，后来我工作单位的一个室友喊我，我们两个就又一块断断续续地玩。”S先生也有相似经历，“过年期间带老同学上分四缺一，这肯定得来呀”。甚至在C女士的认知中，“王者”已经成为社交的必要工具：“‘王者’已经逐渐取代聊天软件变成我们日常联络的一个载体，如果不打‘王者’的话，基本上就很少跟一些朋友联系了。平时没啥事不会找，一个共同玩的游戏算是提供了一个契机。”

其二，社交需求淡化游戏的“无价值感”，赋予了无价值游戏的另一层价值解读。例如，在访谈追问的过程中，Z先生透露了一个耐人寻味的认知，

---

① DUCHENEAUT N，MOORE R J.，The social side of gaming：a study of interaction patterns in a massively multiplayer online game［C］. Proceedings of the 2004 ACM Conference on Computer Supported Cooperative Work，2004：360–369.

“一个人玩的时候会觉得浪费时间、空虚，但是和朋友们一起玩的时候不会有这种感觉”，持同样观点的还有Q女士，她说“一个人的时候不会玩很久，和朋友一起才有可能多玩”。

小　结

本研究通过对10位有着资深游戏经历却最终退游或淡游的游戏玩家的深度访谈，从游戏劳动理论的角度出发，考察了《王者荣耀》游戏玩家作为“玩工”所经历的兴趣异化和价值病变，并且基于对现状的反身性思考，反思当前游戏与现实世界、理想游戏世界的落差，为广大游戏玩家的游戏祛魅，能动性地脱离“计算机神学”创造的玩工游戏框架，抵御游戏成瘾提供新的思路。

其次，本研究的受访对象在出入“王者”时对该游戏普遍抱有热忱，正如受访者D先生所言：“只有真正热爱的人才会哀其不幸，怒其不争。‘王者’抛弃的不是我，是广大玩家的热忱之心。”留给业界和学界思考的问题摆在眼前：什么样的游戏机制能带给玩家艺术和美的震撼、爱和勇气的提升，不至于辜负“真正热爱的人”？这恐怕才是游戏的正确进路和终极价值所在。